ISBN 978-3-662-31909-3   ISBN 978-3-662-32736-4 (eBook)
DOI 10.1007/978-3-662-32736-4

Von den „Quellen und Studien zur Geschichte der Mathematik" erscheinen in zwangloser Folge zwei Publikationen. Die eine Abteilung, A. Quellen, soll die eigentlichen Originalausgaben größeren Umfangs umfassen mit möglichst getreuer Übersetzung. Die zweite Abteilung, B. Studien, soll Abhandlungen enthalten, die mehr oder weniger mit dem Material der Quellen zusammenhängen.

Die Verfasser erhalten von Abhandlungen bis zu 24 Seiten Umfang 100, von größeren Arbeiten 50 Sonderdrucke kostenfrei, weitere gegen Berechnung. Doch bittet die Verlagsbuchhandlung nur die zur tatsächlichen Verwendung benötigten Exemplare zu bestellen. Die Herren Mitarbeiter werden jedoch in ihrem eigenen Interesse gebeten, die Kosten vorher vom Verlage zu erfragen. Manuskriptsendungen sind an einen der drei Herausgeber zu richten:

Privatdozent Dr. O. Neugebauer, Göttingen, Calsowstraße 57.
Professor Dr. J. Stenzel, Kiel, Feldstraße 80.
Professor Dr. O. Toeplitz, Bonn, Coblenzer Straße 121.

Die Erledigung aller nichtredaktionellen Angelegenheiten, die die Zeitschrift betreffen, erfolgt durch die

Verlagsbuchhandlung Julius Springer in Berlin W 9, Linkstr. 23/24.
Fernsprecher: Amt Kurfürst 6050—53 und 6326—28 sowie Amt Nollendorf 755—57.

1. Band   Inhalt   1. Heft

Seite
Geleitwort 1
Toeplitz, O. Das Verhältnis von Mathematik und Ideenlehre bei Plato 3
Stenzel, J. Zur Theorie des Logos bei Aristoteles 34
Neugebauer, O. Zur Geschichte der babylonischen Mathematik 67
Neugebauer, O., und W. Struve. Über die Geometrie des Kreises in Babylonien 81
Solmsen, F. Platos Einfluß auf die Bildung der mathematischen Methode 93
Perepelkin, J. J. Die Aufgabe Nr. 62 des mathematischen Papyrus Rhind . . . 108

Vorlesungen über die Entwicklung der Mathematik im 19. Jahrhundert. Von Felix Klein.

Teil I: Für den Druck bearbeitet von R. Courant und O. Neugebauer. Mit 48 Figuren. XIII, 385 Seiten. 1926.   RM 21.—, gebunden RM 22.50

Teil II: Die Grundbegriffe der Invariantentheorie und ihr Eindringen in die mathematische Physik. Für den Druck bearbeitet von R. Courant und St. Cohn-Vossen. Mit 7 Textabbildungen. X, 208 Seiten. 1927.
RM 12.—, gebunden RM 13.50

Aus dem Vorwort der Herausgeber:

Diese Vorlesungen sind die reife Frucht eines reichen Lebens inmitten der wissenschaftlichen Ereignisse, der Ausdruck überlegener Weisheit und tiefen historischen Sinnes, einer hohen menschlichen Kultur und einer meisterhaften Gestaltungskraft, sie werden sicherlich auf alle Mathematiker und Physiker und weit über diesen Kreis hinaus eine große Wirkung ausüben. In einer Zeit, wo der Blick der Menschen auch in der Wissenschaft allzusehr am Gegenwärtigen hängt und das Einzelne in unnatürlicher Vergrößerung und übertriebener Bedeutung gegenüber dem Ganzen zu betrachten pflegt, kann das Kleinsche Werk vielen die Augen wieder öffnen für die Zusammenhänge und Entwicklungslinien unserer Wissenschaft im großen.

(Band 24 und 25 der „Grundlehren der mathematischen Wissenschaften", herausgegeben von R. Courant.)

Springer-Verlag Berlin Heidelberg GmbH

Geleitwort.

Es entspricht wohl den Tatsachen, daß überall in den Kreisen der Mathematiker das Interesse an der Geschichte ihrer Wissenschaft im Wachsen begriffen ist. Die heute so aktuellen Bemühungen um die Grundlagen der Mathematik, das damit eng zusammenhängende Interesse an philosophischen und didaktischen Problemen haben mit gutem Recht auch die Frage nach dem geschichtlichen Werdegang mehr in den Vordergrund geschoben. Wir glauben daher den Versuch wagen zu dürfen, der Forschung nach den geschichtlichen Grundlagen der mathematischen Wissenschaften eine neue Stätte zu bieten.

Es sind einige Worte über die Gesichtspunkte vorauszuschicken, die bei der Durchführung eines solchen Unternehmens uns zur Richtlinie dienen sollen.

Durch den Titel „Quellen und Studien" wollen wir zum Ausdruck bringen, daß wir in der steten Bezugnahme auf die Originalquellen die notwendige Bedingung aller ernst zu nehmenden historischen Forschung erblicken. Es wird daher unser erstes Ziel sein, Quellen zu erschließen, d. h. sie nach Möglichkeit in einer Form darzubieten, die sowohl den Anforderungen der modernen Philologie genügen kann, als auch durch Übersetzung und Kommentar den Nichtphilologen in den Stand setzt, sich selbst in jedem Augenblick von dem Wortlaut des Originales zu überzeugen. Den berechtigten Ansprüchen beider Gruppen, Philologen und Mathematikern, nach wirklicher Sachkenntnis Genüge zu leisten, wird nur möglich sein, wenn es gelingt, eine enge Zusammenarbeit zwischen ihnen herzustellen. Diese anzubahnen soll eine der wichtigsten Aufgaben unseres Unternehmens sein.

Die technische Durchführung dieses Programmes denken wir uns so, daß in zwangloser Folge zwei Publikationsreihen erscheinen. Die eine, A, „Quellen", soll die eigentlichen Editionen größeren Umfanges umfassen, enthaltend den Text in der Sprache des Originales, philologischen Apparat und Kommentar und eine möglichst getreue Übersetzung, die auch dem Nichtphilologen den Inhalt des Textes so bequem als irgend tunlich zugänglich macht. Jedes Heft dieser „Quellen" wird ein für sich geschlossenes Ganzes bilden. — Die Hefte der Abteilung B, „Studien", sollen jeweils eine Reihe von Abhandlungen zusammenfassen, die in engerem oder weiterem Zusammenhang mit dem aus den Quellen gewonnenen Material stehen können.

Die „Quellen und Studien" sollen Beiträge zur Geschichte der Mathematik liefern. Sie wenden sich aber nicht ausschließlich an Spezialisten der Wissenschaftsgeschichte. Sie wollen zwar ihr Material in einer Form darbieten, die auch dem Spezialisten nützen kann. Sie wenden sich aber weiter an alle jene, die fühlen, daß Mathematik und mathematisches Denken nicht nur Sache einer Spezialwissenschaft, sondern aufs tiefste mit unserer Gesamtkultur und ihrer geschichtlichen Entwicklung verbunden sind, daß in der Betrachtung des geschichtlichen Werdens mathematischen Denkens eine Brücke zwischen den sogenannten „Geisteswissenschaften" und den scheinbar so ahistorischen „exakten Wissenschaften" gefunden werden kann. Unser letztes Ziel ist, an einer solchen Brücke mit bauen zu können.

Es darf nicht vergessen werden, daß zur wirklichen Durchführung unseres Unternehmens der gute Wille von Herausgebern und Mitarbeitern nicht genügt. Erst der Großzügigkeit des Verlages, der die nicht geringen praktischen Lasten auf sich zu nehmen bereit gewesen ist, verdanken wir es, daß unsere Pläne in die Wirklichkeit umgesetzt werden konnten. Es ist mehr als die Befolgung eines üblichen Brauches, wenn wir dem Verlage auch an dieser Stelle unseren aufrichtigen Dank zum Ausdruck bringen.

Die Herausgeber.

Das Verhältnis von Mathematik und Ideenlehre bei Plato.

Von Otto Toeplitz in Bonn[1]).

Die Größe der Rolle, die Plato für die Mathematik gespielt hat, ist stets empfunden, oft gerühmt worden. Auch die Größe der Rolle, die die Mathematik für Plato und seine Ideenlehre gespielt hat, ist nie geleugnet worden. Man hat diejenigen Stellen seiner Werke, in denen die aus dem Euklid geläufigen Fachausdrücke vorkommen, sorgsam zusammengetragen[2]). Und doch ist das schwerste Stück der Arbeit bisher nicht getan worden. Die Historiker der Mathematik auf der einen Seite haben einen guten Teil ihrer Kraft darauf verbraucht, in die „Zahlenmystik" der Hochzeitszahl, in die Hypothesisstelle aus dem Menon mathematische Klarheit zu bringen und sind im übrigen über die unbestimmte Formel von der methodischen Einwirkung Platos auf die Mathematiker seiner Zeit und von der Propaganda Platos für ihren didaktischen, logisch schulenden Wert im Prinzip nicht weit hinausgegangen. Die Philologen auf der anderen Seite scheuten bis vor kurzem in der Mehrzahl vor der Sachinterpretation der mathematischen Stellen zurück und bemerkten an vielen Stellen, die von der allgemeinen Ideenlehre handeln, gar nicht die mathematischen Anklänge und Bezüge, die oft viel tiefere Aufschlüsse enthalten, als die sogenannten „mathematischen Stellen". Und in der Tat: weder besitzt der Philologe von heute denjenigen Einblick in die Grundprinzipien und das Getriebe der mathematischen Dinge, den Plato zu seiner Zeit besessen hat, noch kann der Mathematiker, selbst wenn sein Griechisch zur unmittelbaren Interpretation eines mathematischen Textes ausreicht, das Ganze der Ideenlehre und Dialektik und die in den Aristoteleskommentatoren gegebenen Hilfsmittel so übersehen, um eine Antwort auf die vielen Rätsel wagen zu können, die ihm vom Standpunkt seines Faches die Lektüre des Euklid, des Hippokrates-

---

[1]) Vorgetragen in Kiel am 29. Mai 1927, in Göttingen am 1. Oktober, 1927.

[2]) B. Rothlauf, Die Mathematik zu Platons Zeiten und seine Beziehungen zu ihr, nach Platons eigenen Zeugnissen und den Zeugnissen älterer Schriftsteller, Diss. Jena 1878; R. Ebeling, Mathematik und Philosophie bei Plato, Jahresber. des Gymn. zu Hann.-Münden, 1909, Progr. Nr. 420.

fragments, der mathematischen Anzüglichkeiten bei Plato und Aristoteles aufgibt.

Die Forschung ist hier vor den Toren des Baues, als den wir die griechische Mathematik vorstellen wollen, stehen geblieben. Sie war dazu gezwungen, solange sie an ihrer bisherigen Arbeitsweise festhielt. Nur ein neues System der Zusammenarbeit von Philologe und Mathematiker kann diese Tore öffnen. Solche Zusammenarbeit ist weitgehend Glücksache; sie erfordert Temperamente, die zueinander passen, die gewillt sind, dem anderen zuzuhören, in seine Vorstellungsweise ernstlich einzudringen. Und doch ist sie nicht in dem Maße Glücksache, wie man vielfach annimmt. Denn nicht die einzelne Leistung, der einzelne Gedanke braucht gemeinschaftlich vollzogen zu werden; nur die gesamte Orientierung und Einstellung, auf deren Grunde dann vom einzelnen ein Versuch gewagt werden kann, muß gemeinsam gewonnen werden.

Die folgenden Seiten wollen eine Probe eines solchen Versuchs darstellen oder genauer den Ansatzpunkt und den Arbeitsplan dazu vorlegen. Sie sind gewachsen auf jahrelanger Vorarbeit des Verfassers mit Julius Stenzel, mit Heinrich Scholz, auf manchem Gespräch mit Eva Sachs, die ihrer Zeit als Philologin mit einem kühnen Vorstoß ins mathematische Gebiet vorangeeilt war.

Sie nahmen ihren Ausgangspunkt davon, daß Werner Jaeger dem Verfasser vor zehn Jahren von der Alterslehre Platos erzählte, von seinen Ideenzahlen, die Aristoteles so hart bekämpft hat, die Aristoteles ihn noch selber hatte in seiner Vorlesung „Über das Gute ($\pi\varepsilon\varrho\grave{\iota}\ \tau\mathring{\alpha}\gamma\alpha\vartheta o\tilde{\upsilon}$)" vortragen hören und die schon den antiken Kommentatoren ein Mysterium waren [3]. Von vornherein konnte kein Zweifel darüber bestehen, daß Plato das Problem vom Verhältnis der Arithmetik zur Geometrie ernstlich angegriffen hat. Wenn man den mathematischen Bestand des Euklid sich vergegenwärtigt, so bleibt eine unüberbrückbare Kluft zwischen der Lehre von den ganzen Zahlen einerseits und der von den Strecken, Flächen u.s.w. andererseits; am fühlbarsten ist diese Kluft da, wo die Lehre von den Proportionen zweimal entwickelt wird, einmal für Proportionen von ganzen Zahlen im VII. Buch und außerdem noch einmal ohne jeden Bezug auf die andere Stelle für $\mu\varepsilon\gamma\acute{\varepsilon}\vartheta\eta$ (d. h. Größen irgendwelcher Art, als da sind Strecken, Flächen, Volumina, Zeiten, Gewichte u. a. m.) im V. Buch. „$\mathring{\varepsilon}\nu$ und $\mathring{\alpha}\acute{o}\varrho\iota\sigma\tau o\varsigma\ \delta\upsilon\acute{\alpha}\varsigma$ sind die beiden Grundprinzipien des Seienden." [4] Wenn Plato mit diesen Worten seine neue Lehre von den Ideenzahlen einleitete, kann kein Zweifel sein, daß er aus dem Scheitern des Pythagoreisch-Parmenideischen Versuchs, auf das $\mathring{\varepsilon}\nu$, auf die sich daraus ab-

---

[3]) Die näheren Nachweisungen findet man am Anfang von § 5 gesammelt.
[4]) Auch hierfür vgl. § 5.

leitende ganze Zahl die gesamte Welt der Gedankendinge aufzubauen, die Konsequenz gezogen hat, daß er versucht hat, das Prinzip des ἕν in ein neues, größeres einzubauen, das das ganze Gebiet der ὄντα zusammen mit dem ἕν zu tragen imstande war. J. Stenzel hat in seinem Buche „Zahl und Gestalt bei Plato und Aristoteles"[5] als erster versucht, an den mathematischen Inhalt dieses Mysteriums ernstlich heranzutreten und hat damit die öffentliche Aufmerksamkeit auf den Gegenstand gelenkt.

Auch A. E. Taylor[6] ist von der dargelegten Vorstellung ausgegangen und hat zu zeigen versucht, daß Plato die genannte Kluft in der Weise hat überbrücken wollen, wie die moderne Mathematik es tut, daß er mit der ἀόριστος δυάς dasjenige gemeint hat, was wir etwa als die Einführung [der Irrationalzahlen durch Georg Cantor kennen. Auf diesen Versuch Taylors, der in der Hauptsache auf der schon von Stenzel in die Debatte gezogenen Epinomisstelle (990c) fußt, werde ich im Schlußparagraphen dieser Arbeit genauer eingehen. So sehr ich mit Taylor in der gesamten Grundabsicht übereinstimme, so wenig kann ich aus den Worten der Epinomisstelle das herauserkennen, was ausreichen sollte, um eine so ganz moderne und der griechischen Rede- und Denkweise fremde mathematische Konzeption herauszuinterpretieren. Das Gefühl des Mathematikers will sich bei solcher Gelegenheit nicht nur die blanken Begriffe vorstellen, sondern die ganze Art, wie mit ihnen operiert wird, das ganze Getriebe einer zusammenhängenden Theorie und viele Imponderabilien, die der Mathematiker von Beruf zur Hand hat. Dieses Gefühl des Mathematikers könnte hier nur dann mitgehen, wenn der Wortlaut explizite übersetzt wird, Wort für Wort. Das hat Taylor bisher nicht getan, und soweit es mir gelungen ist, diese Worte zu übersetzen, geben sie zwar einen Sinn von ausgezeichnetem mathematischen Niveau, enthalten aber von dem, was Taylor herausliest, keinen Anklang.

Das Folgende will einen Weg aufweisen, auf dem man aus dem Milieu der griechischen Mathematik heraus, wie man sie für die Zeit des späteren Plato voraussetzen darf, zu einer Vorstellung von diesen geheimnisvollen Ideenzahlen gelangen kann. Nur um einen Weg, um ein Arbeitsprogramm soll es sich handeln. Allerdings nicht um irgendeinen Weg. Sondern ich glaube, daß dieser hier mit dem Kerngehalt der griechischen Mathematik eng verknüpft ist und daß man nicht wird umhin können, ihn entweder als Irrweg zu erweisen oder bis zum letzten Ende zu gehen.

---

[5] Teubner (Leipzig) 1924, VIII + 146 S.

[6] Besprechung des Stenzelschen Buches, Gnomon 1926, pag. 396—405, sodann „Forms and Numbers, a study in Platonic metaphysics", Mind, quaterly review of psychology and philosophy *35*, N. S., No. 140, pag. 419—440 und *36*, N. S., No. 141, pag. 12—33. Im folgenden werden diese drei Abhandlungen zitiert als (0), (1) und (2).

§ 1.
Die griechische Proportionenlehre.

Was hier von Mathematischem auszubreiten ist, ist von sehr viel simplerer Natur als die modernen mathematischen Begriffe, die Taylor in die Debatte wirft, und wird, hoffe ich, auch dem Philologen keine Mühe bereiten, der von Euklid nichts weiß und der nur eben noch seine mathematischen Tertianerkenntnisse zur Hand hat, wenn sie in ihm wieder wachgerufen werden.

Der Begriff der Proportion spielt in der griechischen Mathematik eine weit größere Rolle als in der heutigen, auch wie die Schule sie lehrt; denn der Grieche kleidet vieles in die Sprache der Proportionen, was wir durch den Formalismus der Rechenregeln ausdrücken. Die griechische Arithmetik, die wir bei Euklid vorfinden, hat knapp die Praxis des Multiplizierens ganzer Zahlen erreicht, die uns heute geläufig ist, die den Ägyptern noch fast gänzlich fehlte, während die Sumerer sie längst aufs vollkommenste übten. Das Dividieren, das Wurzelziehen ist ihr im Grunde fremd. Wo wir $\frac{6}{9} = \frac{2}{3}$ schreiben, schreibt der Grieche die $\dot{\alpha}\nu\alpha\lambda o\gamma\dot{\iota}\alpha$ (Proportion) $6:9 = 2:3$, wo wir $\sqrt{4\cdot 9} = 6$ schreiben, schreibt er $4:6 = 6:9$ u. s. f. Daß $8 = 2^3$ ist, drückt er durch die fortlaufende Proportion aus

$$1:2 = 2:4 = 4:8;$$

in der Tat folgt sofort aus dem Bestehen dieser Proportion, wenn wir sie in moderne Brüche umschreiben,

$$\frac{2}{1} = \frac{4}{2} = \frac{8}{4}$$

und daher

$$2^3 = \left(\frac{2}{1}\right)^3 = \left(\frac{2}{1}\right)\left(\frac{2}{1}\right)\left(\frac{2}{1}\right) = \frac{2}{1}\cdot\frac{4}{2}\cdot\frac{8}{4} = 8.$$

Brüche sind in der Praxis des täglichen Lebens möglicherweise geschrieben worden[7]; in der theoretischen Arithmetik kommen sie nicht vor. Also die Proportionen haben zunächst einmal in der griechischen Mathematik die Aufgabe, unsere Bruchrechnung zu ersetzen, das „Rechnen mit rationalen Zahlen", wie die heutigen Mathematiker sagen. In dieser Funktion begegnen sie uns in Euklid VII—IX.

Aber der Begriff der Proportion muß darüber hinaus den Griechen noch andere Dienste leisten, im Bereich der Geometrie, der Mechanik, der Harmonielehre u. s. w. Um ein Beispiel zu nehmen: das Verhältnis $1:2$ findet bereits im Bereich der Arithmetik die verschiedensten Ausdrücke,

---

[7] D. h. Brüche mit beliebigen Zählern und Nennern, nicht nur die Stammbrüche $\frac{1}{2}$, $\frac{1}{3}$, $\frac{1}{4}$, $\frac{1}{5}$, ..., deren allein (abgesehen von $\frac{2}{3}$) sich die Ägypter bedienen.

wie 3 : 6 oder 4 : 8 u. s. w.; wir nennen das heute die „ungekürzten"
Formen des Bruches $^1/_2$; aber dieser Bruch $^1/_2$ oder dieses Verhältnis
1 : 2 findet sich außerhalb des Bereichs der Arithmetik wieder im Verhältnis einer Strecke zu einer doppelt so großen, oder im
Verhältnis der beiden Quadrate $ABCD$ und $ACUV$,
über die schon der Sklave in Platos
Dialog Menon belehrt wird, daß die Fläche des zwei- 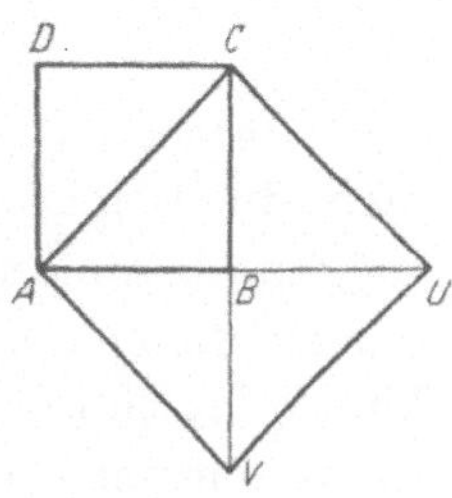
ten genau das Doppelte von der Fläche des ersten
ausmacht. Und so könnte man auf die verschieden-
ste Weise zwei Körper, zwei Zeiten (z. B. die von
Sonnenaufgang bis Mittag und die von Sonnenaufgang bis Sonnenuntergang), zwei Töne (die Saiten-
längen von Grundton und Oktave) u. dgl. mehr
finden, die sich wie 1 : 2 verhalten.

Es war nun eine der folgenschwersten Entdeckungen griechischen
Geistes, daß in diesem erweiterten Aktionsfeld, das dem Begriff der Pro-
portion hierdurch erschlossen war, sich Verhältnisse ($\lambda\acute{o}\gamma oi$) finden, die
in der Arithmetik gar nicht vorkommen. Man kannte sehr wohl die
Tischlerregel zur Konstruktion eines rechten Winkels: Hat in einem
rechtwinkligen Dreieck die eine Kathete die
Länge 4, die andere die Länge 3, so hat die
Hypotenuse die Länge 5. Man versuchte bei 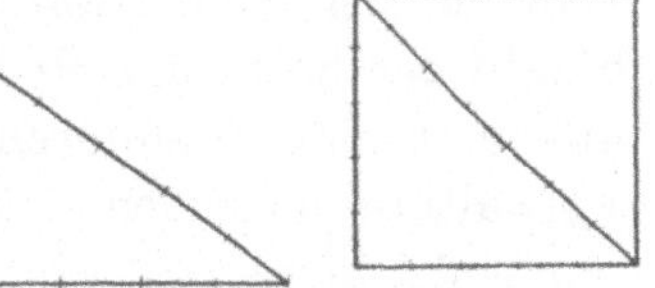
einem anderen, nicht minder naheliegenden
Dreieck, dem halben Quadrat, eine ähnliche
Relation; man teilte die Quadratseite in 5
gleiche Teile, trug diese auf der Hypotenuse ab und sah, daß diese ungefähr 7 davon faßte, aber nicht genau 7, man versuchte es mit noch
feineren Teilen, um es genau herauszubekommen, es gelang nicht, und
schließlich bewies man, daß es nie gelingen kann, daß es kein ganzzahliges Verhältnis gibt, das dem von Seite und Diagonale eines Quadrats
gleich ist.

Damit war eine Generalrevision der gesamten Geometrie notwendig
geworden. In welchem Sinne, wird ein Beispiel am besten erläutern.
Man trage die Seite AB und die Diagonale AC
des oben betrachteten Quadrats nebeneinander
auf, errichte über der ganzen Strecke BC einen 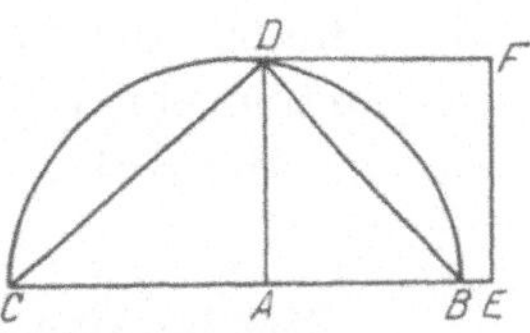
Halbkreis, in A die Senkrechte zu BC, die den
Halbkreis in D treffe, und errichte endlich über
der Strecke AD ein Quadrat, $ADEF$. Wir fra-
gen, in welchem Verhältnis dieses Quadrat seinem Flächeninhalt nach
zu dem in der früheren Figur gezeichneten Ausgangsquadrat steht,
$AD^2 : AB^2$. Heute würde man in Tertia zu dieser Frage etwa das Fol-

gende sagen: die beiden rechtwinkligen Dreiecke ABD und ADC sind einander ähnlich, weil sie offenbar die gleichen Winkel haben; folglich stehen die entsprechenden Seiten im nämlichen Verhältnis, es ist $AB:AD=AD:AC$ oder $AD^2=AB\cdot AC$. Daraus folgt, daß

$$AD^2:AB^2=AB\cdot AC:AB^2$$

und daher, da AB sich wegkürzt,

$$AD^2:AB^2=AC:AB.$$

In Worten: das neue Quadrat verhält sich zum Ausgangsquadrat, wie sich die Diagonale des Ausgangsquadrats zu seiner Seite verhält. So mögen die sophistischen Mathematiklehrer doziert haben, ehe jene Krisis des Inkommensurablen hereinbrach, ehe man wußte, daß dieses $AC:AB$ kein ganzzahliges Verhältnis sein kann. Nachdem man das wußte, war nicht nur der eben gegebene Beweis in Frage gestellt, sondern es war überhaupt nicht mehr definiert, was $AC:AB$ ist und was es besagt, es sei $AD^2:AB^2=AC:AB$. Man mache nur den Versuch, dies irgend jemand anderem zu erklären, um sofort zu bemerken, daß man keinen klaren Sinn davon einfach anzugeben vermag.

In Euklid V findet sich die ungemein kunstvolle Definition der Gleichheit zweier Verhältnisse ($\lambda\delta\gamma o\iota$) $\alpha:\beta$ und $A:B$ oder, mit anderen Worten, der Proportion ($\dot\alpha\nu\alpha\lambda o\gamma\dot\iota\alpha$) $\alpha:\beta=A:B$, sowie das ganze Gebäude der Sätze der Proportionenlehre, die auch Euklid VII enthält, nur jetzt mit ganz anderen Beweisen, die auf der neuen Definition gleicher Verhältnisse aufruhen. Der Beweis eines Satzes wie des oben geschilderten vollzieht sich auf dieser Grundlage unzweideutig. Wir brauchen hier auf die Details dieser Theorie, die einer der Gipfelpunkte der griechischen Mathematik ist, glücklicherweise nicht einzugehen.

Nur ein Umstand sei noch hervorgehoben. Auf den beiden Seiten der Proportion brauchen durchaus nicht Größen von der gleichen Sorte zu stehen; z. B. oben in der Aussage $AB^2:AC^2=1:2$ standen links Flächen, rechts ganze Zahlen, und in der anderen Aussage $AD^2:AB^2=AC:AB$ stehen links Flächen, rechts Strecken. Der $\lambda\delta\gamma o\varsigma$ ist also kein spezifischer Begriff der Lehre von den Strecken allein, auch nicht der ebenen Geometrie oder der Lehre von der Zeit, sondern er ist ein über diesem allem stehender abstrakter Begriff, und die Definition der Proportion von Euklid V ist die Brücke, die ebene Geometrie, Stereometrie, Mechanik, Arithmetik u. s. w. miteinander verbindet.

§ 2.
Der heutige Zahlbegriff und die griechische Mathematik.

Die heutige Mathematik schlägt diese Brücke auch, aber auf eine andere Weise. Indem sie über die ganzen Zahlen hinaus aus diesen die Brüche, die Dezimalbrüche, die unendlichen Dezimalbrüche formt, kann sie jede Strecke, jede Fläche u. s. w. „messen", ihr eine Maßzahl beilegen, die angibt, wie oft eine für die betreffende Größensorte festgelegte Maßeinheit in ihr enthalten ist; alle geometrischen Größen wandeln sich ihr damit in „Zahlen", mit denen sie nach den bekannten Regeln operiert, wie sie heute jeder in der Schule lernt. Dies ist auch der Weg, auf dem die Schule heute den Begriff der Proportion faßt und die Schwierigkeiten überwindet, von denen im vorigen Paragraphen die Rede war.

Für den Griechen lag dies ganz anders. Anstatt daß er den Begriff der Zahl solange erweiterte, bis er imstande war, die gesamte Natur zu beherrschen, gewann er aus Geometrie, Mechanik u. s. w. durch Abstraktion den Begriff des $\lambda\delta\gamma o\varsigma$, mit dessen Hilfe er vieles von dem vollzog, was wir heute in Zahlen und Gleichungen ausdrücken. Nicht etwa die $\mu\varepsilon\gamma\dot\varepsilon\vartheta\eta$, die allgemeinen Größen von Euklid V, sind das griechische Substrat des modernen Zahlbegriffs, sondern die $\lambda\delta\gamma o\iota$, die Verhältnisse von zwei gleichartigen $\mu\varepsilon\gamma\dot\varepsilon\vartheta\eta$. Von ihnen handelt die Mehrzahl der mathematischen Entdeckungen der Griechen, ob es die Algebra von Euklid X oder die unendlichen Prozesse von Euklid XII sind, die nach dem Bericht des Archimedes das Werk des Eudoxos waren, oder die eigenen Leistungen des Archimedes, die ausschließlich von Verhältnissen handeln, oder die Kegelschnittlehre des Apollonius, also lauter Dinge, die heute in den Bestand der Mathematik als Grundpfeiler eingebaut sind.

Und doch bestehen zwei wesentliche Unterschiede.

Der eine fällt mehr in die Augen und hat fälschlich den Anschein einer großen Unterlegenheit der griechischen Ausdrucksweise gegenüber der modernen erweckt. Er rührt daher, daß die Griechen nie verschiedene $\lambda\delta\gamma o\iota$ zu einander addieren, mit einander multiplizieren u. s. w. Das ist nur ein ziemlich äußerlicher Unterschied; denn auch ohne solche Fertigkeiten vollziehen sie — in anderem Gewande — ganz analoge Operationen und Entdeckungen.

Der andere ist logischer Art. Der Begriff des unendlichen Dezimalbruchs oder die modernen logischen Verfeinerungen, die uns hier nicht in ihren Einzelheiten interessieren, und die K. Weierstraß, G. Cantor und R. Dedekind an seine Stelle gesetzt haben, bauen die Zahl konstruktiv aus der ganzen Zahl auf; der Dezimalbruch z. B. ist ein Gebäude von lauter Ziffern, also aus ganzen Zahlen „konstruktiv" hergestellt. Das ist der $\lambda\delta\gamma o\varsigma$ der Griechen nicht. Er bleibt Verhältnis von Strecken oder von Volumina oder von Zeiten oder dergleichen. So wenig er selbst eine Strecke oder irgendeine Größe ist, sondern etwas Abstrakteres, so wenig bekennt sich Euklid zu einer selbständigen Existenz der Verhältnisse. Dem Wortlaut von Buch V ist nicht zu entnehmen, ob er in ihnen abstrakte Wesenheiten erblickt, die in irgendeinem Sinne auf sich selbst zu stehen vermögen; und wenn man davon etwas zwischen den Zeilen

lesen könnte, so ist ganz gewiß nirgends etwas davon erwähnt, daß man
diese Wesenheiten aus den ganzen Zahlen erzeugen möchte oder könnte.
— Erst im letzten Paragraphen werden wir genötigt sein, auf diesen
Gegenstand genauer einzugehen.

§ 3.

Die Ideenzahlen Platos.

Es ist klar, daß die Bildung der $\lambda\acute{o}\gamma o\iota$ neben der Handhabung unendlicher Prozesse (der sog. Exhaustionsmethode) den logisch interessan-
testen Vorgang in der gesamten griechischen Mathematik darstellt. Es
wäre deshalb auf jeden Fall erstaunlich, wenn die griechische Philosophie,
wenn vor allem Plato und Aristoteles, die die Mathematik dauernd als
Beispielmaterial für erkenntnistheoretische Verhältnisse benutzen, an
diesem Vorgang achtlos vorübergegangen sein sollten, ohne ihn nach der
erkenntnistheoretischen Seite voll auszuschöpfen.

Aus dieser Feststellung ergibt sich nahezu von selbst die Fragestel-
lung, ob etwa die mysteriösen Ideenzahlen Platos, das „un-
bestimmte Paar" (die $\acute{\alpha}\acute{o}\varrho\iota\sigma\tau o\varsigma\ \delta\upsilon\acute{\alpha}\varsigma$) oder, wie er es selbst
nennt, das „Groß und Klein" (das $\mu\acute{\varepsilon}\gamma\alpha\ \varkappa\alpha\grave{\iota}\ \mu\iota\varkappa\varrho\acute{o}\nu$) die erkenntnistheoretische Inkarnation der mathematischen „Verhält-
nisse" ($\lambda\acute{o}\gamma o\iota$) sind, ob $\alpha : \beta$ das unbestimmte Paar ist, das unter
den verschiedensten Erscheinungsformen auftreten kann, als Verhältnis
der verschiedensten Paare von ganzen Zahlen etwa, oder von zwei
Flächen u. dgl. m. Ob dabei gerade das Beiwort $\acute{\alpha}\acute{o}\varrho\iota\sigma\tau o\varsigma$ andeuten soll,
daß man über das Paar, das den nämlichen $\lambda\acute{o}\gamma o\varsigma$ repräsentiert, noch sehr
verschiedentlich verfügen kann, oder daß die beiden Glieder des Paars, das
Groß und Klein, selbst der Welt des Unbegrenzten entstammen, bleibe
dabei vorläufig dahingestellt. Ebenso, ob das „Groß und Klein" dabei
das einzelne Paar bedeutet oder das „Verhältnis", das es mit allen
Paaren gemeinsam hat, die mit ihm in Proportion stehen. Überhaupt
bedeutet unsere These nur einen ersten Versuch und wohl den sich am
unmittelbarsten darbietenden, um die am Eingang dieses Paragraphen
angedeutete Tendenz in die Wirklichkeit umzusetzen. Diesen Versuch
durchzuführen, ist die Absicht der hier folgenden Seiten. Nur die Durchführung selbst kann zeigen, ob er in den Tatsachen fundiert ist und durch
welche Modifikationen er den Tatsachen angepaßt werden kann.

Gilt die These oder auch nur die in ihr liegende Tendenz, so besagt
dies allerdings sehr viel für die griechische Mathematik. Es besagt, daß Plato im Begriff war, sie in einem aus dem Euklid nicht unmittelbar zu erkennenden Maße irgendwie zu dem heutigen Zahlbegriff
hinzuführen, und es besagt weiter, daß Aristoteles mit seinem Kampf

dagegen die griechische Mathematik von diesem Wege abgedrängt hat. Es ist bekannt, wie die Autorität des Aristoteles die Astronomie vom heliozentrischen System, wie sie die Physik von ihren ersten Einsichten weggeleitet und wie sie die Entwicklung durch fast zwei Jahrtausende gehindert hat, und zwar auch dann noch, als die sehr ernsten Gründe, die Aristoteles selbst zu seiner Stellungnahme geführt hatten, sich längst gänzlich verschoben hatten. In einem ähnlichen Sinne also hat — das besagt unsere These — die Autorität des Aristoteles in die Entwicklung der Mathematik eingegriffen und durch zwei Jahrtausende eine Umformung hintangehalten, die Platos Akademie zu vollziehen im Begriff war.

Die These besagt nicht weniger über d a s G a n z e d e r P l a t o - n i s c h e n I d e e n l e h r e in ihrer Entwicklung beim älteren Plato und bei seinen Schülern Speusipp und Xenokrates und über die Gründe, die Aristoteles mit solchem Elan dagegen ins Feld führt. Denn wenn wirklich Plato das erkenntnistheoretische Interesse des mathematischen $\lambda\acute{o}\gamma o\varsigma$-Begriffs erkannt hat, so muß er es auch ganz von der erkenntnistheoretischen Seite angefaßt und für die Erkenntnistheorie ausgewertet haben. Es erscheint unabsehbar, was Plato hier an Substantiierung der Logik nach dem Muster der Proportionenlehre vorgeschwebt hat. Wie jede Zeit und jede neue Geistesrichtung noch in Plato ihr Spiegelbild gesucht und gefunden hat, so müssen wir auch im vorliegenden Falle mit der Möglichkeit rechnen, vor Spiegelbildern von Dingen zu stehen, die heute darin noch nicht erkannt sind, oder die heute noch abseits vom Wege stehen. Nicht die mathematischen Stellen bei Plato können die eigentliche Entscheidung über unsere These erbringen, sondern nur die behutsame, nichts Modernes hineindeutende Analyse der Ideenlehre in ihrer Gesamtanlage — wie auch die Aristotelische Kritik sich nie allein gegen die Ideenzahlen, sondern in allen Perioden gegen das Ganze der Ideenlehre gerichtet hat.

Die Untersuchung wird danach von dreierlei Quellen ausgehen müssen:

1. von den mathematischen Kundgebungen der Platonischen Dialoge, im weitesten Sinne des Wortes „mathematisch" nach der erkenntnistheoretischen Seite hin,

2. von den Fragmenten der Vorlesung „Über das Gute", die sich bei den Kommentatoren finden,

3. von der wiederholten Polemik des Aristoteles gegen diese Lehre.

Die erste dieser drei Quellen wird immer die eigentlich entscheidende bleiben. Denn die zweite ist ungemein dürftig; nirgends ist ein Satz oder auch nur ein Halbsatz, der explizite als Platonischer Text gesichert wäre; statt dessen eine Kette von Wortfetzen, zu einem Text verbunden von

Leuten, deren frühester, Alexander, im besten Falle die Nachschrift des
Aristoteles aus dieser Vorlesung noch vor Augen gehabt hat. Die dritte
Quelle endlich enthält noch weniger von sakrosankten Trümmern aus
Platos Kolleg. Aristoteles setzt Leser bzw. Hörer voraus, die dieses Kolleg
noch selbst gehört haben mögen oder aus Nachschriften kennen, und
später doch solche, die die Fortbildungen der Platonischen Lehre durch
die Nachfolger Platos in der Leitung der Akademie, Speusipp und Xenokrates, kennen[8]). Deshalb hat es — zu unserem Leidwesen — Aristoteles
nicht nötig, diese bekannten Dinge, die er ausführlich bekämpft, durch
wörtliche Zitate zu belegen. Und da sein Angriff sich zudem gegen das
erste Grundprinzip richtet, kommt von dem konkreten Inhalt der Platonischen Theorie, von deren mathematischen und erkenntnistheoretischen Details, fast nichts zum Vorschein. Obgleich die Kommentatoren
doch eben nur diese Stellen kommentieren, tritt aus ihren Notizen doch
jedenfalls das eine hervor, wieviel konkretere Ausführungen das Kolleg
Platos enthalten haben muß, die man nie vermuten würde, wenn man
nur die Worte des Aristoteles besäße.

§ 4.

Der λόγος-Begriff bei Plato.

Plato hat in seinen exoterischen Schriften, d. h. in den für die große
Öffentlichkeit bestimmten Dialogen, die wissenschaftliche Erkenntnistheorie, die er in der Vorlesung „Über das Gute" berührt haben muß,
nie dargelegt und nie darlegen wollen. Nur soweit ethische oder päd-
agogische Zwecke es ihm erwünscht erscheinen lassen, streift er den Bereich, der uns hier interessiert. Neben dieser schriftstellerischen Tätigkeit
läuft bei Plato die große wissenschaftliche Gemeinschaftsarbeit im engen
Kreise der Akademie, in der sich ein großer Teil seiner Lebensarbeit,
seine Wirkung als Persönlichkeit dokumentiert. Man muß sich das ver-
gegenwärtigen, um an den mathematischen wie an den erkenntnistheoretischen Bestand seiner Dialoge mit der richtigen Einstellung heranzutreten.

Es gibt kaum einen Dialog Platos, der frei wäre von mathematischen
Anzüglichkeiten; das Erlebnis der Mathematik, die Bekanntschaft mit
unbenannten Zahlen, mit denen man rein abstrakt rechnet, muß ihn von
vornherein aufs äußerste berührt haben; von der Existenz der Irrational-

---

[8]) Der Hauptteil von Buch XII der Metaphysik schließt, wie W. Jaeger, Aristoteles, Berlin 1923, pag. 186 (oben) darlegt, mit einer Bemerkung (1086 a_{15-20}), es
hätte wenig Zweck, mehr zu sagen; denn wer nun nicht überzeugt sei, würde es doch
nicht begreifen — eine Bemerkung, die Jaeger auf anwesende Studenten von der
Gegenseite bezieht.

zahlen berichtet er selbst, daß er sie erst als verhältnismäßig reifer Mann kennengelernt habe[9]). Das Aufheben, das er von dieser doch eigentlich intern-mathematischen Entdeckung macht, versteht man nur, wenn man sich vergegenwärtigt, daß die Hoffnung, die Welterkenntnis auf der reinen Zahl aufbauen zu können, damit endgültig zusammenbrach. Nach dem oben über die Proportionenlehre der Griechen Gesagten wird dies wohl deutlich sein. Denn wenn schon die Verhältnisse ($\lambda\delta\gamma\omega$) der Geometer dieser primitiven Arithmetisierung, diesem Aufbau aus dem $\check{\varepsilon}\nu$ und den aus ihm abgeleiteten ganzen Zahlen trotzten, wie sollte dann die gesamte Denkwelt aus ihnen aufgebaut werden?

Dreimal ist Plato an entscheidenden Stellen auf die Proportionen zu sprechen gekommen. Das eine Mal in der Epinomis, und zwar in einer Art, die einen tiefen Einblick gerade in die oben berührten Existenzfragen der Mathematik und eine auf den Kopf zutreffende mathematische Redeweise verrät, wie sie z. B. Aristoteles seinerseits nirgends in solcher Positivität darbietet[10]).

Das zweite Mal an derjenigen Stelle der Gesetze VII, 819d—820e, die oben schon gestreift wurde. Es handelt sich hier um den mathematischen Schulunterricht in der Oberstufe, oder wenigstens schickt Plato voraus, daß nur ein Teil der Gegenstände, die er hier aufführt, in den gemeinsamen Unterbau aller öffentlichen Schulen gehört. Zuerst empfiehlt er den propädeutischen Unterricht im Abzählen und Anordnen von Gegenständen, das die ägyptischen Kinder alle im Spielen und nicht auf wissenschaftliche Art lernen. Sodann ($819c_7$) kommt er auf das Messen ($\dot{\varepsilon}\nu$ $\tau\alpha\tilde{\iota}\varsigma$ $\mu\varepsilon\tau\varrho\acute{\eta}\sigma\varepsilon\sigma\iota\nu$) zu reden, das Messen von Strecken, von Flächen (er denkt an Rechtecke) und Körpern (er denkt an rechtwinklige Kästen speziell). Der allgemein Gebildete in Griechenland meine, je zwei Dinge seien gegeneinander meßbar, Länge mit Länge, Fläche mit Fläche, Körper mit Körper und auch gegenseitig: Länge mit Fläche, Länge mit Körper, Fläche mit Körper. Und doch ist alles dies falsch, und es ist eine Schande, daß der gebildete Grieche das nicht weiß, und von höchstem Wert, wenn er es richtig, wissenschaftlich lernt ($\dot{\varepsilon}\pi\dot{\iota}\sigma\tau\alpha\sigma\vartheta\alpha\iota$) und auch ($820b_9$) alle die damit zusammenhängenden falschen Vorstellungen

---

[9]) Wenn man auf ihn beziehen darf, was der Athener in den Gesetzen VII, 819d$_5$ darüber sagt.

[10]) Ich verschiebe diese Interpretation, die einen genauen Vergleich mit dem schwierigen und meines Wissens noch nirgends bis auf den letzten Grund analysierten Buch X der Euklidischen Elemente voraussetzt, auf eine andere Gelegenheit. Daß die Epinomis vermutlich nicht von Plato selbst herrührt, würde hier nicht so sehr ins Gewicht fallen; die Einwendungen, die Fr. Müller (Stilistische Untersuchung der Epinomis des Philippos von Opus, Diss. Berlin 1927) erhebt, betreffen mehr den Stil und die literarische Form als den materiellen Inhalt, der doch sichtlich echt platonisches Gut ist.

($ἁμαρτήματα$ $ἀδελφά$), von denen die Lehre von den rationalen und irrationalen Verhältnissen ihren Ausgangspunkt nimmt, wörtlich (820 c₄):

$τὰ$ $τῶν$ $μετρητῶν$ $τε$ $καὶ$ $ἀμέτρων$ $πρὸς$ $ἄλληλα$ $ἧτινι$ $φύσει$ $γέγονεν$. — in welcher Entwicklung sich die Theorie von den zueinander meßbaren und von den zueinander nicht meßbaren Größen aufbaut[11]).

Die Stelle ist nicht ohne Schwierigkeiten[12]); aber glücklicherweise berühren diese Schwierigkeiten nicht dasjenige, worauf es hier ankommt, daß nämlich von der Lehre vom Irrationalen hier die Rede ist — das ist noch nie anders aufgefaßt worden — und von den $πρὸς$ $ἄλληλα$, dem auch bei Euklid typischen Wort für das Sichzueinanderverhalten zweier Größen[13]), von der Proportionenlehre und ihren Anwendungen. Besonders illustriert wird dies noch durch eine Bemerkung, die Plato vorausschickt (819 a₃₋₆), daß es beim Unterricht in diesen Dingen viel besser sei, wenn der Lernende zuvor gar nichts weiß, als wenn er unter schlechter

---

[11]) So übersetze ich im Gegensatz zu Eva Sachs, die die Stelle etwas anders interpretiert und daraus eine Anspielung auf die höheren Irrationalitäten Theätets, die wir aus Euklid X kennen, herausgelesen hatte. Sie stimmt — nach mündlicher Mitteilung — meiner abweichenden Übersetzung bei und der damit gegebenen Auffassung, daß es die Proportionenlehre von Euklid V ist, die Plato hier in erster Reihe im Auge hat.

[12]) Die Schwierigkeiten liegen in der Frage, was mit der Meßbarkeit von Strecken und Flächen, also von verschiedenartigen Größen aneinander gemeint sein kann. Wir, die wir durch die Lektüre von Euklid wie durch moderne Übung gewohnt sind, uns vor der Vergleichung solcher ungleichartiger Dinge zu hüten, haben Mühe, uns in eine Denkweise hineinzuversetzen, die darin noch eine Entdeckung sieht. Tut man das, so scheint sich die Sache ganz ungezwungen zu deuten. Das griechische Rechnen stellt jede Multiplikation als rechteckiges Anordnen (Aufmarschieren einer Kompagnie Soldaten in so und so vielen Gliedern) vor und begleitet jede Multiplikation zweier Zahlen m, n durch die Figur eines aus $m \cdot n$ quadratischen Maschen bestehenden Rechtecks; ebenso stellt sie die dreier Zahlen als Körper vor. Dieselbe Kompagnie könnte man auch im Gänsemarsch, alle $m \cdot n$ Mann in einer Reihe, antreten lassen, also eindimensional geordnet. Gäbe es keine Inkommensurabilität, so hätten sich der modernen Gewohnheit, alle Größen der verschiedenen Dimensionen durch ihre Maßzahlen zu ersetzen und mit diesen Maßzahlen abstrakt, ohne Rücksicht auf ihre Deutung, zu hantieren überhaupt gar keine Schwierigkeiten in den Weg gestellt; der moderne Zahlbegriff hätte sich ungehindert entwickeln können. Erst die Möglichkeit der Inkommensurabilität — das vergißt man jetzt gar zu leicht — hat diese Schwierigkeiten aufgetürmt, die sich dann zwischen die griechische und die heutige Mathematik gestellt haben.

[13]) „$ἡ$ $α$ $ἐστὶ$ $πρὸς$ $τὴν$ $β$, $ὡς$ $ἡ$ A $πρὸς$ $τὴν$ B" ist die griechische Ausdrucksweise für die Proportion $α : β = A : B$. Das $πρὸς$ $ἄλληλα$ Platos und das $πρός$ $τι$ des Aristoteles, soweit es mathematisch gemeint ist, sind dementsprechend die termini technici für die Verhältnisse der Proportionenlehre; daneben kommt auch das Wort $λόγος$ vor (z. B. in der Verbindung $τῷ$ $λόγῳ$ $τέμνειν$ oder in dem Derivat $ἀναλογία$, oder direkt, Staat VI, 509 d₇ ganz unzweideutig im Sinne der mathematischen Proportion).

Anleitung viele Übung und viel Wissen in diesen Dingen bereits erworben habe. Hier glaubt man einen heutigen Universitätslehrer der Mathematik darüber klagen zu hören, daß seine Studenten vieles von der Differentialrechnung schon auf der Schule gelernt haben, aber in einer solchen Art, daß er mehr Mühe hat, es ihnen wieder auszutreiben, als wenn sie gar nichts davon wüßten. Denn in der Tat ist der Aufbau der Proportionenlehre und jene Sphäre, die oben als die Revolution in der griechischen Mathematik bezeichnet wurde, der eigentliche Kern der Schwierigkeiten, die sich beim Lehren der Differentialrechnung darbieten. So erhält also die Vorbemerkung 819a in Verbindung mit der oben gegebenen Deutung von 820c_4 einen ausgezeichneten Sinn.

Die dritte Stelle, im Philebos 25a_7, zeigt die Proportionenlehre im Rahmen der Ideenlehre. Die beiden Klassen des πέρας und des ἄπειρον sind unterschieden worden, des „Begrenzten" und des „Unbegrenzten", wie die übliche Übersetzung lautet. Es wird erörtert, was für Gegenstände in beiden Klassen enthalten sind; in der des Unbegrenzten sind es Dinge der realen Welt, bei denen es ein Größer und Kleiner gibt, ein Schneller und Langsamer od. dgl.; zusammenfassend zu einem Allgemeinbegriff (zu einem ἕν) wird gesagt: bei denen es ein Mehr oder Weniger (μᾶλλόν τε καὶ ἧττον) gibt. Wie ein Petschaft wird diese Formel des μᾶλλόν τε καὶ ἧττον angesehen, aus der die einzelnen Spielarten sich wie Siegelabdrücke (ἐπισφραγισθέντα) ergeben (26d_1). Nach dem Unbegrenzten kommt die Klasse des Begrenzten heran und es heißt:

πρῶτον μὲν τὸ ἴσον καὶ ἰσότητα, zuerst das Gleiche und die Gleichheit, μετὰ δὲ τὸ ἴσον τὸ διπλάσιον καὶ nach dem Gleichen das Doppelte und πᾶν ὅτιπερ ἂν πρὸς ἀριθμὸν ἀριθ- überhaupt jedes Verhältnis, nach dem μὸς ἢ μέτρον ἢ πρὸς μέτρον. sich Zahl zu Zahl oder Maß zu Maß verhalten kann (25a_7).

Es wird dann noch eine dritte Klasse hinzugefügt, die des Gemischten (μεικτόν), und während die ausdrücklich gestellte Forderung, auch die Klasse des Begrenzten in eine allgemeine Formel, ein ἕν oder eine ἰδέα zusammenzufassen, beiseitegeschoben wird (25d_7 und nochmals bekräftigt 26d_5), wird diese dritte Klasse formuliert als γένεσις εἰς οὐσίαν ἐκ τῶν μετὰ τοῦ πέρατος ἀπειργασμένων μέτρων (26d_8). Ich übersetze diese Worte absichtlich nicht. Übersetzen heißt jedesmal Bekennen. Bekennen muß man und darf man an einer Stelle wie oben aus den Gesetzen 820c_4, in dem Bewußtsein, daß jede Übersetzung irgendwelche Nuancen hineinsetzt, die nicht ganz echt sind. Das Wort φύσις mußte dort übersetzt werden; dabei konnte sehr wohl eine ganz andere Schattierung gewählt werden als geschehen, es sind noch allerlei Freiheiten offen; aber es ist ebenso sicher, daß diese Willkürlichkeit für den vorliegenden Zweck nebensächlich war, daß das, was hier aus der Übersetzung gefolgert wurde, jenseits aller dieser Unbestimmtheiten liegt. In solchem Sinne zu übersetzen ist mir an der eben vorliegenden Stelle nicht möglich. Die ganze Seite, in die sie eingelagert ist, ist sowohl philologisch als auch sachlich voll des Problematischen.

Ich habe von dieser Philebosstelle mehr referiert, als ich für den vorliegenden Zweck nötig hatte. Die Worte 25 a$_7$ zeigen unzweideutig die Proportionenlehre inmitten des $\pi\acute{\epsilon}\varrho\alpha\varsigma$, und zwar als das einzige, was als Beispiel dafür angeführt wird. Nun ist sicher, daß diese Klasse des $\pi\acute{\epsilon}\varrho\alpha\varsigma$ eine allgemein erkenntnistheoretische, keine spezifisch mathematische Angelegenheit ist. Die Proportion, der $\lambda\acute{o}\gamma o\varsigma$, wie es bei Euklid heißt, erscheint hier als der Kern der erkenntnistheoretischen Behandlung der Dinge. Konnte von der Philebosstelle aus allein noch ein Zweifel bleiben, ob hier über die $\lambda\acute{o}\gamma o\iota$ der Arithmetik, die ganzzahligen Verhältnisse hinaus auch die allgemeinen Größenverhältnisse von Euklid V gemeint sind, so behebt das Danebenhalten der Gesetzesstelle jeden Zweifel in dieser Richtung — und eben darum ist sie hier so wichtig. Hält man hierzu, daß, wo Plato noch in seinen späteren Dialogen überhaupt von Mathematischem redet, sich bei genauerem Zusehen alles immer nur um $\dot{\alpha}\nu\alpha$-$\lambda o\gamma\acute{\iota}\alpha$, um $\pi\varrho\grave{o}\varsigma$ $\ddot{\alpha}\lambda\lambda\eta\lambda\alpha$ gruppiert, so wird das klar, was man in diesen Popularschriften allein zu finden erwarten kann, was aber auch durchaus ausreicht, nämlich daß ihn die erkenntnistheoretische Auswertung des $\lambda\acute{o}\gamma o\varsigma$-Begriffs eingehend beschäftigt hat, daß sie das Primäre ist, was ihn an der Mathematik anzieht. Erst nachdem wir die in den Kommentatoren enthaltenen Fragmente analysiert und das Ergebnis mit dem bisherigen Resultat vereinigt haben, wollen wir rückblickend das Problematische erörtern, was an dieser Philebosstelle eben noch haften geblieben ist.

Hier seien noch zwei Stellen referiert, die einen Begriff von der erkenntnistheoretischen Ausweitung des $\lambda\acute{o}\gamma o\varsigma$-Begriffs geben, wie sie Platos Absicht gewesen sein muß. Im Staat (Ende von Buch VI) bedient er sich der $\dot{\alpha}\nu\alpha\lambda o\gamma\acute{\iota}\alpha$ als einer Art literarischen Symbols, das bis zum Ende von Buch VII über dem Ganzen steht. Den Bereich aller Dinge teilt er wie eine Strecke in zwei Teilstrecken, die der realen und die der gedachten Dinge, und jede dieser Teilstrecken teilt er nach dem nämlichen Verhältnis wiederum in zwei Teilstrecken, so daß die ganze Strecke in vier Teile zerfällt, deren beide mittleren übrigens gleichgroß sein sollen, so daß die linke sich zur mittleren Länge wie diese zur rechten verhält. Diese Proportion von 509 d$_7$ verfolgt er dann dauernd bis in kleine Wortspiele hinein, die man bisher mißverstanden hat, weil man an die mathematische Sphäre nicht zu denken pflegte, die Plato selbst stets gegenwärtig war, und besonders in der Umgegend von Stellen, die die Mathematik zum Thema haben, wie es auch hier in Staat VII der Fall ist.

Eines dieser Wortspiele (534a₆) weist über die Spielerei hinaus. Nachdem die Proportion der vier Bereiche in der Redeweise des πρός τι nochmals zum Schluß aufgetreten ist, heißt es: eine weitere, erneute Zweiteilung und Fortsetzung dieser Proportion (ἀναλογίαν καὶ διαίρεσιν) wollen wir unterlassen, damit wir nicht in πολλαπλάσιοι λόγοι hineingeraten. Das heißt zunächst: vervielfachte, noch kompliziertere Überlegungen, und so ist es immer übersetzt worden. Aber διπλάσιος λόγος heißt im Euklid das quadratische Verhältnis, wie es z. B. im vorliegenden Gleichnis zwischen der kürzesten und der längsten der drei verschiedenen Längen besteht, τριπλάσιος λόγος das kubische [14]); die πολλαπλάσιοι λόγοι haben also den wortspielerischen Nebensinn der Fortsetzung jener Analogie in höhere Dimensionen — eine Anspielung auf den Bereich der Proportionenlehre, die zugleich auf die Zusammengehörigkeit von λόγος und διαίρεσις verweist. Diese Verknüpfung ist für die vorliegende Arbeit wesentlich; zeigt sie doch, wie das πρός τι des λόγος sich der allgemeinen Idee der διαίρεσις eingliedert, von der aus Stenzel an die Platonischen Ideenzahlen herangetreten ist.

Διαίρεσις nämlich ist das Verfahren der Begriffseinteilung, das Plato besonders im Sophistes lehrt. „Gewerbe gibt es zweierlei, produktive, die Neues schaffen, und erwerbende" — das ist das Muster, nach dem ein Begriff untergeteilt wird in zwei (oder im Philebos auch mehrere) zu einander komplementäre Unterbegriffe. Eine Stelle aus dem Sophistes nun ist es, die wir hier noch heranzuziehen haben. 250e handelt es sich um das Verhältnis von ὄν und μὴ ὄν, dem Seienden und dem Nichtseienden, sowie um das Verhältnis von Philosoph und Sophist, deren Aufgabe darin gesehen wird, der eine das Seiende, der andere das Nichtseiende zu studieren. Das sind schwierige Dinge, heißt es; aber jede Klarheit, die wir über das ὄν gewinnen, wird automatisch sich auf das μὴ ὄν ausbreiten;

καὶ ἐὰν αὖ μηδέτερον ἰδεῖν δυνώμεθα, τὸν γοῦν λόγον ὅπηπερ ἂν οἷοί τε ὦμεν εὐπρεπέστατα διωσόμεθα οὕτως ἀμφοῖν ἅμα.

und sollten wir keines von beiden für sich schauen können, so würden wir vielleicht doch ihr gegenseitiges Verhältnis für beide zugleich aufs trefflichste zu erkennen vermögen (251a₁).

In solchen Worten verrät Plato mehr von seinen eigentlichen Zielen als in den sog. Resultaten der Dialoge, nach denen oft so vergebens gesucht worden ist. Und sie zeigen hier, wo die διαίρεσις das Leitmotiv des Dialogs ist, daß er sie nicht formal als Unterteilung faßt, sondern daß ihm alles auf das gegenseitige Verhältnis der Teile ankommt, und daß dieses vielleicht eine klarere Evidenz aufweisen kann als die Teile und ihre

---

[14]) Euklid V, Def. 9 und 10; vgl. dazu auch das in § 1 über $2^3 = 8$ in griechischer Redeweise Gesagte.

Summe selbst. Das ist aber aufs Haar genau die Situation der mathematischen $\lambda\acute{o}\gamma o\iota$, deren Name hier überdies noch auftritt.

Es erscheint verlockend, die Grundthese dieser Arbeit an der Hand solcher Stellen ins Erkenntnistheoretische auszuweiten und so einen Oberbau hinzustellen, der die Grundzüge von Stenzels Theorie und meine These zugleich umfaßt. Ich glaube, das wird erst dann an der Zeit sein, wenn der ganze Bestand der Platonischen Ideenlehre in seinem Verhältnis zum Mathematischen systematisch erforscht ist. Eine zu früh hingestellte Behauptung könnte die Unvoreingenommenheit einer solchen Analyse beeinträchtigen.

§ 5.
Die Fragmente der Ideenzahlenlehre bei den Kommentatoren.

Stenzel und Taylor haben in summa lediglich die folgenden Stellen aus den Kommentatoren des Aristoteles herangezogen, die ich, um einige wenige vermehrt, nach denjenigen Aristotelesstellen anordne, welche sie kommentieren, und in dieser Reihenfolge mit C_1, C_2, . . . bezeichne; ich zitiere nach der Ausgabe der Berliner Akademie.

C_1.	Simplicius $151_{6\text{-}19}$	zu phys. I_4, $187a_{12}$.	Stenzel p. 64.
C_{1a}.	Themistius $13_{13\text{-}16}$	,, ,, ,,	
C_{1b}.	Philoponus $91_{27}{-}93_{12}$	,, ,, ,,	
C_2.	Simplicius $247_{33}{-}248_{20}$	zu phys. I_9, $192a_3$.	Taylor (1) 421.
C_{2a}.	Themistius $32_{22\text{-}24}$	,, ,, ,,	
C_{2b}.	Philoponus $186_{3\text{-}15}$	,, ,, ,,	
C_3.	Simplicius $453_{25}{-}455_{14}$	zu phys. III_4, $202b_{36}$.	Stenzel 63 f., 69.
C_{3a}.	Themistius $79_{28}{-}80_{27}$	,, ,, ,,	
C_{3b}.	Philoponus $388_{4\text{-}10}$, $389_{15\text{-}20}$	,, ,, ,,	
C_4.	Simplicius $545_{23\text{-}25}$	zu phys. IV_2, $209b_{33}$.	
C_{4a}.	Themistius $107_{13\text{-}16}$	,, ,, ,,	
C_{4b}.	Philoponus $524_{4\text{-}22}$	,, ,, ,,	
C_5.	Simplicius 28_7	zu de anima I, $404b_{17}$.	Stenzel p. 94[2]).
C_{5a}.	Philoponus 75_{33}	,, ,, ,,	Stenzel p. 94[2]).
C_6.	Alexander $53_{2\text{-}4}$	zu metaph. I_6, $987b_{20}$.	Stenzel p. 30,51.
	,, $55_{20}{-}57_{34}$	zu metaph. I_6, $987b_{33}$.	Stenzel p. 30,51.
C_7.	,, $59_{33}{-}60_4$	zu metaph. I_6, $988a_{11}$.	
C_8.	,, 85_{16}, $87_3{-}88_2$	zu metaph. I_9, $990b_{17,\ 21}$.	
C_9.	,, $250_{17\text{-}20}$	zu metaph. III_2, $1003b_{32}$.	
C_{10}.	,, $262_{19,\ 23}$	zu metaph. III_2, $1004b_{29}$, $1005a_2$.	
			Stenzel p. 69.

Dazu kommen zwei Zeugnisse in Schriften von unmittelbaren Schülern des Aristoteles:

C_{11}. Theophrast de prima philos. p. 312 f. Br. VI a$_{23}$ Us. (cf. Heinze, Xenokrates, Leipzig 1892, p. 169, fragm. 26).

C_{12}. Aristoxenus, harmonica 30_{16}—31_2 (ed. Marquard, Berlin 1868, p. 44).[15]

Aus diesen Stellen ergibt sich über den äußeren Rahmen von Platons Vorlesung „Über das Gute" folgendes. Plato kündigt eine Vorlesung (ἀκρόασις, C_{12}, oder συνουσία) περὶ τοῦ ἀγαθοῦ an, und es findet sich eine große Hörerschar ein (C_{12}). „Alle erscheinen in der Annahme, sie würden irgendeines von den menschlichen Gütern erlangen, wie Reichtum, Gesundheit, Kraft oder überhaupt eine wundervolle Glücklichkeit. Als dann aber die Auseinandersetzungen mit Mathematik, Zahlen, Geometrie, Astronomie anhuben und mit der These, daß τὸ πέρας ἀγαθὸν ἐστιν ἕν[16]), dürfte die Überraschung allgemein gewesen sein. Ein Teil verlor das Interesse am Gegenstand, die anderen kritisierten ihn." Indem Aristoxenus diese Reminiszenz aus Erzählungen des Aristoteles wiedergibt, will er damit sagen, wie fehlerhaft bei einer Schrift oder einer Vorlesung eine falsche — wie man heute sagen würde — Aufmachung wirken kann. Aus den anderen Stellen erfahren wir, daß die bedeutendsten Gelehrten der Akademie bei der Vorlesung zugegen waren und Nachschriften davon angefertigt haben (πάντες γὰρ συνέγραψαν καὶ διεσώσαντο τὴν δόξαν αὐτοῦ, C_1). Die eine, die des Aristoteles, muß in einer festen Form niedergelegt, wenn nicht gar ediert gewesen sein (C_3, C_5, C_{5a}, C_6 pag. 56_{33-35}, C_7, C_8, C_9, C_{10}); C_9, C_{10} reden von einem Buch II dieser Schrift des Aristoteles (C_5 scheint, wie Stenzel bemerkt, diese Schrift mit der περὶ φιλοσοφίας zu verwechseln). Aber auch Speusipp und Xenokrates, die später nacheinander die Nachfolger Platos in der Leitung der Akademie wurden, fertigten Nachschriften an (C_1, auch C_{11}), ferner Hermodorus (C_2), Herakleides aus Pontos (der Astronom), Hestiaios und der ganze Kreis der Akademie (C_3).

Alle aufgeführten Fragmente berichten mit geringen Schwankungen des Wortlauts

πάντων ἀρχαὶ καὶ αὐτῶν τῶν ἰδεῶν τό τε ἕν ἐστι καὶ ἡ ἀόριστος δυάς, ἢν μέγα καὶ μικρὸν ἔλεγεν.	Eins und unbestimmtes Paar, oder, wie Plato es nannte, das „Groß und Klein" sind die Grundprinzipien von allem und auch von den Ideen (C_1 und C_8).

oder, um noch eine der vielen Varianten danebenzustellen:

ἀρχὰς δὲ τῶν ἰδεῶν ὡς μὲν ὕλην καὶ τὸ ὑποκείμενον ἔλεγε τὸ μέγα	Als Grundprinzipien führt er auf: als Material und Grundlage das Groß und

---

[15]) W. Jaeger hat mir diese Stelle angegeben.

[16]) Die Deutung dieser These unten, im übrigen lehnt sich die Übersetzung an die Marquardsche an.

καὶ τὸ μικρόν, δυάδα τινὰ οὖσαν, ὥς φησιν, ἀόριστον, ὡς δὲ οὐσίαν καὶ εἶδος τὸ ἕν.	Klein, eine Art unbestimmtes Paar, wie er sagt, als Begriff und Form dagegen das Eine (C_6, pag. $53_{2\text{-}4}$).

Diese Wortlaute unterscheiden sich im wesentlichen nur darin, daß sie bald mehr, bald weniger darüber aussagen, wovon die Grundprinzipien gesucht wurden; nicht nur von den ἀριθμοί, den Zahlen, nicht nur von den ὄντα, den νοητά, den ewigen, unveränderlichen Denkdingen, sondern auch von den αἰσθητά, den Gegenständen der Wahrnehmung, also von allem schlechthin. Wir erfahren ferner in C_1, daß das Groß und Klein dasselbe sei, was Plato im Timaios für den Bereich des sinnlich Wahrnehmbaren ὕλη nennt, und in C_2, daß er diese ὕλη, das Material, dem ἄπειρον und ἀόριστον entnimmt, dem Bereich der das Mehr und Weniger erfahrenden Dinge (τῶν τὸ μᾶλλον καὶ τὸ ἧττον ἐπιδεχομένων), den wir aus dem Philebos kennen. Wir erfahren endlich (C_9, C_{10}, vgl. auch C_{1b}), daß die aristotelische Schrift auch einen Aufsatz ἐκλογὴ τῶν ἐναντίων (eine Auswahl von Gegensätzen) enthalten oder darauf Bezug genommen habe, und daß diejenigen Gelehrten insbesondere, die alles auf den Gegensatz πέρας — ἄπειρον (begrenzt — unbegrenzt) ausspielen, genau dieselben seien, die ἕν und ἀόριστος δυάς unter den ἀρχαί annehmen (C_{10}, pag. 262_7). In C_{4a} tritt auch noch der Name μεθεκτικόν für das Groß und Klein auf als gelegentliche Benennung Platos, also „das Teilnehmende", sowie die Bezeichnung εἰδητικοὺς ἀριθμούς (Ideenzahlen).

Nur die Stellen C_2, C_{2b}, C_3, C_6, C_8 enthalten etwas über das bisherige dürftige Gesamtergebnis hinaus. C_8 ist in zwei wesentlich differierenden Fassungen überliefert, die beide sehr dunkel sind; gewiß ist, daß es nicht Reste aus der Vorlesung Platos enthält, sondern Argumente gegen dessen Lehre, die bestenfalls aristoteleischen Ursprungs sein könnten. Die kurze und gleichfalls nicht gerade durchsichtige Andeutung von C_2 (pag. 248_5) wird unten zu erwähnen sein. C_{2b} scheint nur von der äußerlichen Frage zu handeln, ob man das Groß und Klein als ein einziges Grundprinzip oder als zwei zählen müsse, — das erstere sei die Auffassung Platos. Es bleiben also nur C_3 und C_6, die beiden umfangreichsten Stellen.

C_6 findet sich in dem Kommentar Alexanders zu derjenigen Stelle im Buch I der Metaphysik, wo Aristoteles die Entwicklung der Philosophie in kurzen Strichen skizziert. Dem folgenden Paragraphen vorgreifend müssen wir diese Aristotelesstelle schon hier behandeln. Aristoteles schildert (I_6), was Plato von den „Italikern", vor allem von den „sog. Pythagoreern" übernimmt, worin er von ihnen abweicht. Die Pythagoreer haben, ausgehend von der Rolle, die den Zahlen in der Harmonielehre zukommt, in allen Dingen Zahlen gesehen und mehr als das:

alle Dinge nur noch als Zahlen angesehen. Plato, der von Heraklit ausgeht und von der veränderlichen Natur der Wahrnehmungswelt, ersetzt das Verhältnis der μίμησις, der Nachahmung, in dem nach pythagoreischer Auffassung die Dinge der Wahrnehmung zu den Zahlen stehen, durch das der μέθεξις, der Teilnahme der wirklichen Dinge an der ἰδέα, dem ἕν, dem Begriff, der sie in eines zusammenfaßt[17]). Zwischen den Ideen und den Dingen der Wahrnehmung dazwischen (μεταξύ) nimmt Plato eine dritte Welt an, die der mathematischen Dinge[18]). Grundbegriffe (ἀρχαί) sind für Plato das „Groß und Klein" als Material (ὕλη) und das ἕν, das zur Einheit Zusammenfassen, als formendes Prinzip (οὐσία). Eben diese Einführung der δυάς des Groß und Klein statt des schlichten ἄπειρον der Pythagoreer ist für Plato charakteristisch (987 b$_{25\text{-}27}$). Und nun folgen die letzten Worte dieser Skizze (987 b$_{31}$— 988 a$_1$), denen dann, mit den Worten

καίτοι συμβαίνει γ᾽ ἐναντίως· οὐ γὰρ εὔλογον οὕτως.

in Wahrheit liegt es gerade umgekehrt; so ist es nicht gut gedacht

einsetzend die Kritik des Aristoteles angefügt ist. Diese Worte, diejenigen, die C$_6$ kommentieren will, lauten:

ἡ τῶν εἰδῶν εἰσαγωγὴ διὰ τὴν ἐν τοῖς λόγοις ἐγένετο σκέψιν (οἱ γὰρ πρότεροι διαλεκτικῆς οὐ μετεῖχον), τὸ δὲ δυάδα ποιῆσαι τὴν ἑτέραν φύσιν διὰ τὸ τοὺς ἀριθμοὺς ἔξω τῶν πρώτων εὐφυῶς ἐξ αὐτῆς γεννᾶσθαι, ὥσπερ ἔκ τινος ἐκμαγείου.

Die Einführung der Ideen vollzog sich (bei Plato) wegen der Betrachtung ἐν τοῖς λόγοις (die Älteren verfügten nämlich noch nicht über die Dialektik); das Paar aber machte er zum zweiten Erzeugungsprinzip, weil die Zahlen mit Ausnahme der πρῶτοι wohlgestaltet aus ihm hervorgehen, wie aus einer Art bildsamen Stoffs.

Diese Stelle, das Schmerzenskind Stenzels, ist das einzige explizite Wort, das Aristoteles hier von Platos Lehre ausspricht. Vom Standpunkt meiner These erhält diese Stelle einen prägnanten Sinn. Dabei denke ich nicht an die Worte σκέψις ἐν τοῖς λόγοις, die dazu herausfordern könnten, λόγοις als Verhältnis zu lesen, die aber im Zusammenhang mit der erläuternden Klammer offenbar anders zu verstehen sind. Es handelt sich vielmehr um die Deutung der dunklen zweiten Hälfte des Satzes. Zunächst,

---

[17]) Die unbenannte Zahl 3 z. B. ist das ἕν, das alle in der Wirklichkeit vorkommenden Tripel von 3 Dingen in einen abstrakten Begriff zusammenfaßt.

[18]) Z. B. zwischen dem Begriff des Dreiecks einerseits und den wahrnehmbaren Dreiecken andererseits, die aus zwar dünnen, aber doch eine Breite aufweisenden Strichen oder Kanten bestehen, nimmt er die Dreiecke der Mathematik an, deren Seiten ideale Geraden sind, deren es aber unendlich viele gibt, von denen eines etwa dem anderen einbeschrieben sein kann u. dgl., während es nur eine Idee des Dreiecks gibt.

daß er die δυάς als eine φύσις, als ein Erzeugungsprinzip anspricht, nicht
als ein mathematisches Gebilde, entspricht so ganz der Rolle, die die
Paarung beim Bilden des λόγος, des Verhältnisses in der Proportionenlehre spielt; das Bild vom Stempel, mit dem man wie aus einem bildsamen Stoff die einzelnen Exemplare entstehen läßt, könnte hierfür gar
nicht besser gewählt sein: die verschiedenen Größenpaare z. B., die im
Verhältnis 1 : 2 stehen, wie 2 : 4, 3 : 6, 4 : 8 oder zwei Strecken, deren
eine doppelt so lang ist als die andere, sind die verschiedenen Abdrücke
eines einzigen Klischees, das sie alle zu einem Begriff, einem ἕν zusammenfaßt, zu dem λόγος oder der „Zahl" (im neuen Sinne) 1 : 2 (wir
schreiben hier für heute $^1/_2$). Man vergleiche hiermit die kurz zuvor
stehenden aristotelischen Worte 987b$_{21}$

ἐξ ἐκείνων γὰρ κατὰ μέθεξιν τοῦ
ἑνὸς τὰ εἴδη εἶναι τοὺς ἀριθμούς.

aus dem Groß und Klein gehen ver-
möge des Erzeugungsprinzips der Teil-
habe an einer Gesamtheit die Ideen als
Zahlen hervor[19]).

Die Worte ἔξω τῶν πρώτων, die für Stenzel eben die Schwierigkeit
darstellen, bereiten hier keine mehr. Man hat bisher übersetzt: „mit
Ausnahme der ersten Zahlen" (ohne dem irgendeinen mathematisch be-
friedigenden Sinn beilegen zu können) oder „mit Ausnahme der Primzahlen", indem man sich erinnerte, daß πρῶτοι ἀριθμοί bei Euklid die
Primzahlen bedeutet, und doch nicht imstande war, damit irgendeine
klare Vorstellung zu verknüpfen. Man hat vergessen, daß πρῶτος unmittelbar daneben bei Euklid noch in einem anderen Sinne auftritt: zwei
Zahlen heißen „zueinander πρῶτοι" (relativ-prim), wenn sie gegeneinander gekürzt sind. Verwendet man an unserer Stelle diese Bedeutung,
so ist alles völlig klar; 2 : 4, 3 : 6, u. s. w. erscheinen alle als Stempel-
abdrücke des gekürzten Paares, nach dessen Bilde sie geformt sind,
1 : 2 [20]).

Die Stelle fügt sich nach dem Gesagten meiner These zwanglos ein.
Aber mehr als das: sie fügt sich mit dem in § 4 zum Philebos Bemerkten
zu einem einheitlichen Bilde zusammen. Die Klasse des Unbegrenzten
war dort in eine klare Formel gefügt: sie besteht aus den Dingen, die
das μᾶλλον τε καὶ ἧττον fassen, wozu auch das Groß und Klein gehört;
diese Dinge erscheinen dort als die „Siegelabdrücke" (ἐπισφραγισθέντα)
des allgemeinen Klischees. Dagegen war es bewußt aufgeschoben worden,
die Klasse der Begrenzten in eine analoge Formel, einen σύνδεσμος zu-

---

[19]) Stenzels Erörterungen auf pag. 54 seines Buches stehen der hier entwickelten
Auffassung sehr nahe; ja, pag. 59 (ganz unten) redet er explizite von „Brüchen",
ohne aber daraus Folgerungen zu ziehen.

[20]) Eine Deutung als „mit Ausnahme der ersten", wofern ihr ein klarer Sinn
beigelegt werden könnte, würde an sich unserer These durchaus nicht widersprechen.

sammenzufassen. Das eben hat Plato im Bewußtsein der mathematischen Vorbildung, die er beim Leser dazu voraussetzen müßte, nicht in einem exoterischen Dialog gegeben, sondern in jener Vorlesung über das Gute — und der Erfolg hat seiner pädagogischen Scheu recht gegeben —. In dieser Vorlesung also hat er das, was er im Philebos nur an Beispielen andeutete, als allgemeines Prinzip entwickelt[21]). Und wie er dort von den Siegelabdrücken spricht, die die einzelnen ἄπειρα vom μᾶλλον καὶ ἧττον darstellen, so redet er hier vom bildsamen Stoff, in den das Prinzip des unbestimmten Paares die einzelnen Paare einstempelt.

Hierzu halte man nun die im Eingang dieses Paragraphen noch unübersetzt gelassene Wendung aus der Aristoxenosstelle τὸ πέρας ὅτι ἀγαθόν ἐστιν ἕν, das einzige Wort über den eigentlichen Inhalt der Vorlesung, das uns diese Stelle offenbart. Die Übersetzung, die Marquard mit den sinnentbehrenden Worten „daß die Grenze ein Gut ist“ vollzieht, ergibt sich in unserem Gedankengang folgendermaßen: „die Klasse des Begrenzten, zu einem Begriff (ἕν) zusammengefaßt, ist das Gute.“ Der σύνδεσμος der πέρας-Klasse und seine Identifizierung mit dem Guten erscheint also auch hier als das Hauptstichwort der ganzen Vorlesung.

Soweit die Aristotelesstelle. Alexander kommentiert sie (pag. 57$_{3\text{-}34}$) ganz unzweideutig in der Weise, die sich aus meiner These eben ergab; er redet von 1 : 2 und 2 : 4 und 3 : 6, von den zueinander primen Zahlen u. s. f.; einen breiten Raum kostet ihn dabei eine offenbare Ungeschicklichkeit im mathematischen Darstellen (die Scheidung der Besonderheiten des Verhältnisses 1 : 2, das hier als Beispiel dient, von irgendeinem Verhältnis), die hier nicht weiter von Belang ist. Es erscheint als ein Vorzug meiner These vor allen bisherigen Behandlungen der hier zu Grunde liegenden Aristotelesstelle, daß sie sich als erste zu diesem Kommentar Alexanders nicht in Gegensatz zu stellen braucht, sondern mit ihm aufs beste harmoniert[22]).

Bevor Alexander zu dem eben erwähnten Kommentar übergeht, schickt er (pag. 55$_{20}$—56$_{35}$) als Grundlage dafür ein Referat über die Vorlesung vom Guten voraus, die ihm, sei es in der aristotelischen Nachschrift, sei es in irgend welchen indirekten Berichten, vorgelegen haben muß. Diese Seite stellt also — und das scheint bisher nicht genügend beachtet worden zu sein — das ausführlichste dar, was wir von dieser Vorlesung besitzen. Authentisch freilich ist der Wortlaut auch hier in keiner Zeile.

---

[21]) Auch der Philebos hat neben dem üblichen Titel περὶ ἡδονῆς den Untertitel περὶ τοῦ ἀγαθοῦ, der seinem eigentlichen Gehalt mindestens so genau entspricht, wie der übliche.

[22]) Wenn ganz unten auf pag. 57, im letzten Satz, plötzlich die Deutung von πρῶτοι ἀριθμοί als Primzahlen auftritt, so hat schon Bonitz vorgeschlagen, diesen ganzen Satz zu tilgen.

Alexander begründet zuerst, warum Plato und die Pythagoreer gemeinsam die Zahlen als allem anderen übergeordneten Begriff ansehen, und somit als $\dot{\alpha}\varrho\chi\dot{\eta}$, die nicht weiter analysiert werden kann, der nichts mehr übergeordnet ist. Denn wie die Ebenen die Urbestandteile der Körper, die Linien die der Flächen sind, so die Punkte, oder, wie die Pythagoreer sagen, die $\mu o\nu\acute{\alpha}\delta\varepsilon\varsigma$ (eigentlich „Einheiten") die unteilbaren Bestandteile der Linien, und ihnen ist nichts mehr übergeordnet. $\alpha\dot{\iota}\ \delta\dot{\varepsilon}\ \mu o\nu\acute{\alpha}\delta\varepsilon\varsigma\ \dot{\alpha}\varrho\iota\vartheta\mu o\acute{\iota}$, fährt er fort. Es ist sinnlos zu sagen, daß $\mu o\nu\acute{\alpha}\delta\varepsilon\varsigma$ und $\dot{\alpha}\varrho\iota\vartheta\mu o\acute{\iota}$ dasselbe sind. Der Satz erhält einen Sinn, wenn man sich erinnert, wie Euklid (Elemente VII, Def. 2) die Zahl definiert: $\dot{\alpha}\varrho\iota\vartheta\mu\grave{o}\varsigma\ \delta\dot{\varepsilon}\ \tau\grave{o}\ \dot{\varepsilon}x\ \mu o\nu\acute{\alpha}\delta\omega\nu\ \sigma\upsilon\gamma x\varepsilon\acute{\iota}\mu\varepsilon\nu o\nu\ \pi\lambda\tilde{\eta}\vartheta o\varsigma$, eine Zusammenstellung von Einheiten. Eine derartige Definition scheint es zu sein, die Alexander hier meint, und es ist zu übersetzen: „Mehrzahlen von Einheiten aber sind Zahlen."

Rein formalistisch also ist hier eine Schuldefinition eingesetzt. Nur deshalb habe ich diese Vorbemerkung, aus der hier gar nichts zu folgern ist, so genau wiedergegeben. Sie zeigt, wie auch die oben erwähnte mathematische Ungeschicklichkeit, wie auch das, was wir aus des Simplicius Bericht über die Menisken des Hippokrates wissen[23]), daß Alexander dem Mathematischen fernsteht, daß dieser Hauptzeuge mit großer Vorsicht zu verwerten ist, wo es um Mathematisches geht.

Wenn nun, fährt Alexander fort, alles Zahlen sind, so sind die $\dot{\alpha}\varrho\chi\alpha\acute{\iota}$ der Zahlen auch die aller Dinge. $\dot{\alpha}\varrho\chi\alpha\acute{\iota}$ der Zahlen aber sind nach Plato $\mu o\nu\acute{\alpha}\varsigma$ und $\delta\upsilon\acute{\alpha}\varsigma$. Mit ausdrücklicher Berufung auf Plato fährt er dann (pag. 56_{13}) fort: „Indem er sodann darauf ausging, die Begriffe gleich und ungleich als Grundlage von allem aufzuweisen (denn alles wollte er auf die obersten, einfachsten Begriffe zurückführen), $\tau\grave{o}\ \mu\dot{\varepsilon}\nu\ \ddot{\iota}\sigma o\nu\ \tau\tilde{\eta}\ \mu o\nu\acute{\alpha}\delta\iota\ \dot{\alpha}\nu\varepsilon\tau\acute{\iota}\vartheta\varepsilon\iota,\ \tau\grave{o}\ \delta\dot{\varepsilon}\ \ddot{\alpha}\nu\iota\sigma o\nu\ \tau\tilde{\eta}\ \dot{\upsilon}\pi\varepsilon\varrho o\chi\tilde{\eta}\ x\alpha\grave{\iota}\ \tau\tilde{\eta}\ \dot{\varepsilon}\lambda\lambda\varepsilon\acute{\iota}\psi\varepsilon\iota$, stellte er die Gleichheit der 1 gegenüber (eigentlich: weihte sie der 1), die Ungleichheit dem Größersein und Kleinersein (also dem > 1 und dem < 1) . . . Und darum nannte er sie unbestimmtes Paar, weil keiner von beiden Bestandteilen, weder der große noch der kleine, an sich bestimmt ist. Durch die Zusammenfassung zu einem Begriff ($\tau\tilde{\omega}\ \dot{\varepsilon}\nu\acute{\iota}$) gehe daraus die gewöhnliche ganze Zahl 2 hervor."

So schreitet dieser Bericht, dessen letzte halbe Seite (56_{21-33}) wir übergehen, fort; aus dem $\ddot{\varepsilon}\tau\iota$ (ferner), mit dem jeder zweite Satz anhebt, errät man den paragraphenweisen Fortschritt der Vorlage, aus der Alexander referiert. Zweifellos lichtet sich das Dunkel, das bisher über diesen Sätzen lag, einigermaßen, und zweifellos handelt es sich um einen einiger-

---

[23]) Der Bericht des Simplicius über die Quadraturen des Antiphon und des Hippokrates, ed. F. Rudio, Teubner, Leipzig 1907, Urkunden zur Geschichte der Math. im Altertume, 1. Heft.

maßen authentischen Bericht. Denn mit den Worten Metaphysik XIII_5, $1093 b_1$ ὡς ἴσῳ τῷ ἑνὶ χρώμενος (indem er sich der 1 als der Gleichheit bediente) bezeugt Aristoteles, daß die „Weihe" der Gleichheit an die 1 echtes Platonisches Gut ist, und daß wir in diesem Halbsatz wiederum vor einem der wenigen greifbaren Trümmer aus Platos Vorlesung stehen. Und gerade dieses Trümmerstück fügt sich in meine These ganz von selber ein und liefert für sie eins der wenigen handgreiflichen Beweismomente. Denn daß dem Verhältnis der Gleichheit $A:A$ die gewöhnliche 1, daß dem Verhältnis $2A:A$ die gewöhnliche ganze Zahl 2 gegenübertritt $\left(\frac{1}{1}=1,\ \frac{2}{1}=2\right.$ schreiben wir in diesem Falle$\left.\right)$, ist selbstverständlich.

Von dem, was Alexander im Umkreis dieser Stelle sagt, sei nur eines noch angeführt. Aristoteles schließt seine kurze Polemik mit Plato an dieser Stelle mit den referierenden Worten ab $(988 a_{14})$:

ἔτι δὲ τὴν τοῦ εὖ καὶ τοῦ κακῶς αἰτίαν τοῖς στοιχείοις ἀπέδωκεν ἑκατέροις ἑκατέραν.   weiter ordnete er die Ursachen von gut und von schlecht den beiden Grundprinzipien seiner Theorie zu.

Hierzu bemerkt kommentierend Alexander, daß Plato das Gute mit dem ἕν, das Böse mit der ἀόριστος δυάς identifizierte. Das ist einer der wenigen Hinweise auf das ethische Ziel der Platonischen Vorlesung und berührt sich mit manchem im letzten Teil des Philebos Gesagtem, fügt sich auch mit der Aristoxenosstelle gut zusammen [24]).

Auch C_3 enthält ein umfangreiches Referat über Platos Colleg, in seinem ersten Teil $(453_{20}—454_{19})$ dem Phileboskommentar des Porphyrius entnommen, im zweiten $(454_{19}—455_{14})$ aus Alexanders Bericht über die Platonische Vorlesung; wo dieser stand, ist nicht gesagt. Das Referat aus Porphyrius schließt Simplicius mit den Worten ab:

ταῦτα ὁ Πορφύριος εἶπεν αὐτῇ σχεδὸν τῇ λέξει, διαρθροῦν ἐπαγγειλάμενος τὰ ἐν τῇ Περὶ τἀγαθοῦ συνουσίᾳ αἰνιγματωδῶς ῥηθέντα, καὶ ἴσως ὅτι σύμφωνα ἐκεῖνα ἦν τοῖς ἐν Φιλήβῳ γεγραμμένοις.   das ist fast wörtlich der Bericht des Porphyrios, der ankündigt, er wolle das im Kolloquium über das Gute in rätselhafter Art Gesagte klarstellen, vielleicht weil es einen Anklang an eine Stelle im Philebos enthält.

Das Referat knüpft an das Beispiel von der Elle an, die halbiert wird, und deren rechte Hälfte dann wieder halbiert wird. Der neue Teilpunkt läßt links von sich $^3/_4$ der Elle, rechts $^1/_4$. Nun wird das rechte Viertel

---

[24]) Man vgl. hierzu, worauf Jaeger in seinem „Aristoteles" p. 243 hinweist, auch Aristoteles, Eudemische Ethik I_8, $1218 a_{16-19}$.

abermals halbiert, und der neue Teilpunkt hat links von sich $^7/_8$, rechts von sich $^1/_8$ der Elle, und so geht es fort. Es wird also ein unendlicher Prozeß geschildert, bei dem der rechte Teil ἐπὶ τὸ ἔλαττον προϊόν ist, der linke ἐπὶ τὸ μεῖζον ἀτελευτήτως. Der Prozeß bricht nie ab, man stößt nie auf eine nicht mehr teilbare Strecke; die Elle ist ja stetig.

Es wäre vom größten Interesse, hier einen solchen spezifischen Ausdruck der Stetigkeitslehre, die Aristoteles in der Physik entwickelt, als Platonisches Gut wiederzufinden, wie dieses Wort „stetig" (συνεχές). Leider kann man es durch die vorliegende Stelle nicht beweisen; der gewissenhafte Simplicius kann, wie es seine Art ist, für seine Leser diese Vokabel aus dem Wortschatz der Physik, um deren Kommentierung es sich doch bei ihm handelt, eingefügt haben — er betont, daß er Porphyrius nur fast wörtlich wiedergibt —; gar nicht von den Veränderungen zu reden, die Porphyrius an der Stelle angebracht haben mag.

Und diese letztere Besorgnis hindert überhaupt, aus diesem Referat etwas Wesentliches herauszuziehen, was nicht anderweitig gestützt wird. Eine Ausnahme macht nur der eine Terminus, das oben zitierte προϊόν. Dasselbe Wort tritt nämlich in dem darauffolgenden Alexanderauszug (pag. 455_1) auf, und es findet sich außerdem in der in §4 herangezogenen Philebosstelle $24d_4$ προχωρεῖ γὰρ καὶ οὐ μένει τό τε θερμότερον ἀεὶ καὶ τὸ ψυχρότερον ὡσαύτως, τὸ δὲ ποσὸν ἔστη καὶ προϊὸν ἐπαύσατο. sowie $25d_{11}$ τὴν τοῦ ἴσου καὶ διπλασίου, καὶ ὁπόση παύει πρὸς ἄλληλα τἀναντία διαφόρως ἔχοντα, σύμμετρα δὲ καὶ σύμφωνα ἐνθεῖσα ἀριθμὸν ἀπεργάζεται.

Der Anklang liegt ersichtlich nicht nur in dem einen Wort, und nicht umsonst hat Porphyrius diesen Bericht gerade in einen Phileboskommentar aufgenommen. Man steht hier also vor einem unzweideutigen Residuum aus Platos Vorlesung, das ernste Folgerungen zu ziehen erlauben würde. Und die Folgerungen, um die es sich hier handeln könnte, sind in der Tat ernste. Denn es kann sich nur um irgend etwas von der Idee der unendlichen Prozesse aus der griechischen Geometrie handeln, also um die berühmte Exhaustionsmethode, deren Meister, wo nicht Erfinder Eudoxos, Platos Arbeitsgenosse, gewesen ist. Die überlieferte Beziehung gerade des Philebos zu Eudoxos ist ein Argument mehr in dieser Richtung. Aber gerade die angeführten beiden Phileboszitate stellen das philologisch und sachlich schwierigste an dieser ganzen Partie des Philebos dar, das, was schon in § 4 als noch unklar angedeutet wurde, den Kern der Meixislehre, die von der mathematischen Seite in wirklicher Klarheit zu erfassen bisher nicht entfernt geleistet ist. Eben deshalb ist eine Übersetzung der beiden Stellen lieber vermieden worden.

Ich breche diesen Bericht über C_3 mit dem vorläufigen Ergebnis ab, daß auch der unendliche Prozeß in Platos Ideenzahlenlehre irgendeinen Platz gehabt haben mag, daß aber zur Klärung dieser Frage eine viel tiefergreifende Analyse von Platos mathematischem Bewußtsein und seiner mathematischen Terminologie die Voraussetzung wäre, als sie bisher irgendwo auch nur entfernt geleistet oder auch nur systematisch genug angegriffen worden wäre.

§ 6.

Die Aristotelischen Angaben über Platos Ideenzahlen.

Aristoteles hat sich, abgesehen von ein paar kurzen Andeutungen in der Physik, die den Kommentatoren der Physik dann zu näheren Notizen Anlaß gegeben haben, zweimal eingehend mit der Ideenlehre Platos auseinandergesetzt; und diese Auseinandersetzung läuft bei ihm immer ausschließlich auf eine solche mit den Ideenzahlen hinaus, die hier ganz anders als es die Platonischen Dialoge erkennen lassen, als der Kern der gesamten Ideenlehre erscheinen. Das eine Mal tut er es in Buch I der Metaphysik — das ist in § 5 schon genau berichtet worden. Er schließt daran in I_9 eine ausführliche — nicht die oben erwähnte, ganz kurze — Kritik, die fast wörtlich in $XII_{5, 6}$ wieder eingefügt ist — ein Umstand, der vom rein philologischen Standpunkt seit langem und besonders in W. Jaegers Theorie des Werdens der Metaphysik eine bevorzugte Rolle spielt. Unmittelbar nach diesem doppelt erhaltenen Stück findet sich ($991 b_{13-21}$) die Möglichkeit erörtert, es wären die Ideenzahlen nicht Zahlen, sondern Verhältnisse von Zahlen.

Das andere Mal vollzieht er die Auseinandersetzung mit Plato und seiner Schule in XII, XIII, den beiden letzten Büchern der Metaphysik, noch viel ausführlicher.

Sucht man aus alledem dasjenige heraus, was an expliziten Worten oder Aussagen Platos daraus mit einiger Klarheit entnommen werden kann, so erhält man nur ein paar ganz geringfügige Fetzen, deren wichtigste in § 5 bereits verwertet worden sind. Die $\mathring{\alpha}\acute{o}\varrho\iota\sigma\tau o\varsigma$ $\delta\nu\acute{\alpha}\varsigma$ ist $\delta\nu o\pi o\iota\acute{o}\varsigma, \H{\omega}\varsigma \ \varphi\alpha\sigma\iota$ ($1082 a_{13}$, $1083 b_{36}$ u.s.w.), d.h. aus allem zweierlei machend — das ist für ein Paarungsprinzip, als das ich das Groß und Klein auffasse, ein sehr passendes Epitheton und paßt sich an die Deutung, die Stenzel nach der Seite der Diairesis gegeben hat, ausgezeichnet an, natürlich ohne irgend etwas für meine These zu beweisen. $1081 a_{23-25}$ spricht von dem $\pi\varrho\tilde{\omega}\tau o\varsigma$ $\varepsilon\mathring{\iota}\pi\acute{\omega}\nu$, d. h. dem, der das alles zuerst ausgesprochen hat, also von Plato. Die Polemik, die nie Namen nennt, aber sich abwechselnd mit Plato selbst, mit Speusipp, mit Xenokrates auseinandersetzt, steigert sich in XIII zu außerordentlicher Heftigkeit: die beiden Bestandteile des unbestimmten Paars, das Groß und das Klein, schreien, als würden sie hin- und hergezerrt, angesichts der Unlogik der ganzen Theorie — heißt es $1091 a_{9-12}$.

Soweit die direkten Zitate aus Plato, die bei weitem das wichtigste wären. Aus den am Ende von § 3 dargelegten Gründen ist davon auch dann nicht viel zu erhoffen, wenn das Dunkel, das über dieser Polemik des Aristoteles liegt, sich einmal lüften sollte. Diese vielen Textseiten sind als Ganzes genommen materiell noch völlig unverstanden. Gelegentlich ist es an einer Stelle gelungen, die Wolken zu zerreißen; immer hat sich dann der Blick auf eine sonnenklare Landschaft erschlossen, vom Nebel einer Zahlenmystik oder solchen Dingen war dann nichts mehr zu spüren, und die Mystik blieb ganz auf seiten derer, die vorher mit unzureichenden Vorstellungen an die Interpretation solcher Stellen — bei Plato oder bei Aristoteles — herangegangen waren. Aber zugleich hat sich, soweit es sich insbesondere um Aristoteles handelte, auch jedesmal gezeigt, daß die endgültige Deutung nur möglich wurde etwa durch das Heranziehen irgendeiner Parallelstelle bei einem Kommentator und daß man nachträglich sagen muß, durch bloßes Nachdenken aus der Stelle selbst heraus hätte man die stenographische Sprache des Aristoteles nie deuten können. Ob es im großen, nicht nur für einzelne Stellen, je ganz gelingen wird, wer will es wissen?[25]

Wenn es gelingen soll, so gilt hier in verstärktem Maße, was am Ende von § 5 bezüglich Plato gesagt wurde. Nur eine systematische Analyse der ganzen mathematischen Denkweise des Aristoteles und seines ganzen mathematischen Vokabelschatzes kann hier weiterführen. Jede einzelne Vokabel muß dabei so betrachtet werden, wie der Mathematiker eine Unbekannte betrachtet, und jede Stelle, wo die Vokabel vorkommt, als eine Gleichung, die diese Unbekannte mit anderen Unbekannten verbindet. Es sind viele Gleichungen mit vielen Unbekannten, die man hier aufzulösen hat und der Reihe nach auflösen muß. Ein Lexikon der

---

[25] Die Polemik von XII geht sehr systematisch vor. Er schildert erst die Beschaffenheit der Mathematik seiner Zeit, dann die der Ideenlehre bei ihren verschiedenen Vertretern, um dann zu der Vereinigung von beidem, der Ideenzahlenlehre überzugehen. Im Zentrum der Beschreibung der Mathematik steht unzweideutig die allgemeine Proportionenlehre ($1077\,a_9$); von der Exhaustion habe ich bisher hier nichts gefunden. Es ist also von der Gesamtanalyse dieser Partien noch wichtiges zu erhoffen.

Umsomehr ist es zu begrüßen, daß von seiten der Beweislehre des Aristoteles (Analytica) ein Schüler von Jaeger, Fr. Solmsen es in seiner Berliner Dissertation unternommen hat, auch den mathematischen Gehalt dieser Beweislehre einheitlich zu erfassen, und daß er diese mathematische Partie seiner noch ungedruckten Arbeit für den Abdruck in dieser Zeitschrift eigens bearbeitet und neu dargestellt hat. Dieser Abdruck würde sich bereits als gerechtfertigt erweisen, wenn die sehr prägnante Auffassung des Verfassers vom Werden der griechischen Mathematik, die dem Gefühl des Mathematikers noch eine Fülle von Fragen aufgibt, zu einer lebendigen und förderlichen Aussprache über diese Materie den Anlaß gäbe.

mathematischen Termini bei Plato und bei Aristoteles wird die unentbehrliche Grundlage sein, deren eine solche Analyse bedarf[26]).

Für den Mathematiker, der seinen Blick auf diesen Bereich lenkt, wäre es sehr verlockend und ein leichtes, aus der Rüstkammer seiner Begriffe und Tatsachen einen Roman zu zimmern, der die in dieser Arbeit erlangten Teilergebnisse zu einem Ganzen zusammenfügt, aus dem modernen mathematischen Grundlagenstreit pointierte Thesen zu entnehmen, die Plato und Aristoteles für ihre Kontroverse in den Mund gelegt werden können. Demgegenüber habe ich es als das Ziel dieser Seiten angesehen, das Problem einer systematischen Analyse, wie ich sie eben geschildert habe, zu umreißen und wenigstens soviel zu erweisen: daß dieses Problem lohnend und fruchtbar ist.

<h3 style="text-align:center">§ 7.</h3>

<h3 style="text-align:center">Hat Plato die Mathematik arithmetisieren wollen?</h3>

Wir kehren zu der Tatsache zurück, die in § 2 erläutert wurde, daß die moderne Mathematik ihren Zahlbegriff arithmetisiert, auf die ganzen Zahlen als letztes Fundament aufbaut, im Gegensatz zu derjenigen Mathematik, die wir bei Euklid finden. Hat etwa Plato diese Arithmetisierung schon angestrebt, und ist dieser Ansatz etwa nur durch die Polemik des Aristoteles so beiseitegeschoben worden, daß er im Euklid nicht mehr hervortritt?

Wir müssen diese Frage schon darum erörtern, weil A. E. Taylor, wie oben erwähnt, die These aufgestellt hat, Plato habe dies getan und zwar auf die Art, in der es heute die sog. Cantorsche Theorie der Irrationalzahlen tut. Obgleich die mathematischen Dinge, um die es sich dabei handelt, verwickelter sind als alles, was ich bisher hier an Mathematischem vorzubringen hatte, will ich doch versuchen, an der Hand eines von Taylor benutzten Beispiels auch dem Nichtmathematiker anzudeuten, was Taylor meint. Wir betrachten die folgende Kette von Brüchen

$$\frac{1}{1},\ \frac{3}{2},\ \frac{7}{5},\ \frac{17}{12},\ \frac{41}{29},\ \frac{99}{70},\ \frac{239}{169},\ \frac{577}{408},\ \frac{1393}{985},\ \ldots\ldots;$$

sie sind so gebildet, daß jeder Nenner die Summe von Zähler und Nenner des vorigen Bruches ist, jeder Zähler aber die Summe des unter ihm

---

[26]) J. Stenzel und ich haben diese Arbeit in Angriff genommen und planen zunächst für Plato eine Analyse seiner gesamten mathematica, indem wir einerseits seine mathematischen Stellen aus dem Zusammenhang der Dialoge und der ganzen Ideenlehre heraus interpretieren, andererseits den Bedeutungsgehalt seiner mathematischen Termini lexikographisch zu erfassen suchen. Das Resultat dieser gemeinsamen Arbeit soll in diesen ,,Quellen und Studien" als gesondertes Quellenheft erscheinen.

stehenden und des vorigen Nenners; also z. B. $\frac{17}{12}$ ist so gebildet: $12 = 7 + 5$, $17 = 12 + 5$. Es ist klar, daß man diese Reihe beliebig weit fortsetzen kann. Man kann nun — der Leser wird es glauben — recht einfach beweisen, daß diese Brüche sich in einem eigentümlichen Auf und Nieder um die Zahl $\sqrt{2}$ herumbewegen: der $1^{\text{-te}}$ liegt darunter, der $2^{\text{-te}}$ darüber, der $3^{\text{-te}}$ wieder darunter, doch über dem $1^{\text{-ten}}$, der $4^{\text{-te}}$ darüber, jedoch unter dem $2^{\text{-ten}}$ u. s. f.; es ist also

$$\frac{1}{1} < \frac{7}{5} < \frac{41}{29} < \frac{239}{169} < \ldots < \sqrt{2} < \ldots < \frac{99}{70} < \frac{17}{12} < \frac{3}{2}.$$

Und zwar drängen diese Brüche sich von beiden Seiten an $\sqrt{2}$ immer enger und enger heran, sie fangen sie von beiden Seiten ein. Die Art, wie der Cantorsche Zahlbegriff die Irrationalzahlen erzeugt, aus Brüchen von ganzen Zahlen „konstruiert", hat mit dieser Art, die Irrationalzahl $\sqrt{2}$ aus Brüchen zu „erzeugen", einige Verwandtschaft. Nur ist sie einfacher und allgemeiner als der an dem obigen Beispiel geschilderte sog. Kettenbruchprozeß, den Taylor heranzieht, um den modernen Cantorschen Begriff der griechischen Denkweise anzunähern.

Taylor stützt seine Argumentation in erster Reihe auf die Epinomisstelle 990 c—991 b und insbesondere auf deren letzten Satz 991 a_4—b_4, in dem er den Kettenbruchprozeß wiederzufinden glaubt. Dieser Satz ist leicht wörtlich zu übersetzen, wenn man ihn neben den sehr ähnlich lautenden aus Timaios 36 a_{2-5} stellt, den Taylor nicht herangezogen hat. Ich vermag aus solcher wörtlichen Übersetzung auch nicht einen Anklang von einem unendlichen Prozeß oder auch nur einem fortschreitenden Prozeß (etwa ein $\varkappa\alpha\grave{\iota}\ \tau o\tilde{\upsilon}\tau o\ \dot{\alpha}\varepsilon\grave{\iota}\ \gamma\acute{\iota}\gamma\nu\varepsilon\tau\alpha\iota$, wie es bei Euklid in solchen Fällen heißt) herauszuhören[27]. Als alleinige Stütze für eine so kühne These kann das gewiß nicht ausreichen.

Taylor zieht auch sonst keinen Wortlaut greifbarer Art herbei, um den unendlichen Prozeß oder das Fortschreiten eines Prozesses damit zu motivieren. Wenn zwei Sätze vorher in jener Epinomisstelle das Wort $\dot{\alpha}\varepsilon\acute{\iota}$ vorkommt, so müßte der noch so sehr dunkle Sinn dieser zwei Sätze erst irgendwie geklärt werden, ehe von diesem Wort zu unserem Satz hinüber eine Brücke geschlagen werden könnte. Wenn in der parallelen Timaiosstelle etwas Fortschreitendes gelegen ist, so hat Taylor dies, wie gesagt, ebensowenig geltend gemacht, und noch weniger alle die Andeutungen von einem $\pi\varrho o\ddot{\iota}\acute{o}\nu$, die wir oben gesammelt haben. Von der Grundabsicht Taylors, mit der ich durchaus übereinstimme, ließe sich vielleicht einiges verwirklichen, wenn man die Bausteine, die wir am Ende von § 5 zusammengetragen haben, vervollständigte und zu einem Bau zusammenfügte: der unendliche Prozeß (die Exhaustion) würde

---

[27]) Vgl. zu dem übrigen Inhalt der Epinomisstelle [10]).

dann vielleicht als ein Glied der Ideenzahlenlehre Platos erscheinen. Das vorliegende Material scheint mir dazu noch nicht auszureichen.

Taylor denkt — und darin sehe ich einen anderen Mangel seiner Konstruktion — einen Schritt als ganz selbstverständlich vollzogen, der dem modernen Menschen auf Grund des heutigen Schulunterrichts trivial ist, es aber für den Griechen durchaus nicht gewesen zu sein braucht, den Übergang von den ganzen Zahlen zu den Brüchen. Denn indem Taylor Plato zuschreibt, die Irrationalzahlen aus Serien von Brüchen aufgebaut zu haben, setzt er voraus, daß diese Brüche für den Griechen etwas unmittelbar Gegebenes waren. Das waren sie nicht mit solcher Sicherheit; in dem, was uns erhalten ist, nehmen Proportionen ihre Stelle ein[28]). Gerade, was Taylor hier als feststehend voraussetzt, ist eines der dringendsten Probleme der Geschichte der griechischen Mathematik: inwieweit man aus dem Anblick, den die arithmetischen Bücher Euklids (VII—IX) darbieten, auf die faktische Entwicklung der griechischen Arithmetik Rückschlüsse machen soll.

Auf der anderen Seite ist auch der moderne Zahlbegriff durch Schlagworte wie „Arithmetisierung" oder „Cantorscher Zahlbegriff" ganz unzureichend gekennzeichnet. Wir müssen, um dies klarzustellen, über das in § 2 Gesagte etwas hinausgreifen. Der Begriff der reellen Zahl — das sind Brüche und irrationale Zahlen zusammen — ist für die mathematische Wirklichkeit definiert durch die Rechenoperationen (Addition, Multiplikation u. s. w.) und durch die Rechenregeln, die für diese gelten, also in Wahrheit durch ein System von Axiomen im selben Sinne, wie die Geometrie auf ein solches Axiomensystem aufgebaut ist — nur daß unser Schulunterricht das letztere eher hervortreten läßt als das der Arithmetik. Als nämlich Vieta und Descartes die Loslösung von der geometrischen Redeweise der Griechen vollzogen, haben sie es unterlassen, für die Rechendinge nach dem Muster der geometrischen Axiome der Griechen ein Axiomensystem zu errichten, und diesen Schritt, die „Axiomatisierung" der Arithmetik, hat erst das endende 19. Jahrhundert nachgeholt. Neben dieser Axiomatisierung erscheint nun die Arith-

---

[28]) In noch schärferer Pointierung hat soeben H. Scholz (Die Grundlagenkrisis der griechischen Mathematik, Pan-Bücherei Philosophie, Nr. 3, Anhang, pag. 66 ff.) diesen Standpunkt vertreten. Taylor empfindet die Kluft zwischen dem Cantorschen Begriff und dem griechischen Zahlenbewußtsein sehr wohl, und er verwendet besondere Mühe darauf, den Cantorschen Begriff durch Zwischenschaltung des Kettenbruchverfahrens dem griechischen Denken anzunähern. Dieser Versuch stößt aber schon darum auf Schwierigkeiten, weil wir für das Auftreten des Kettenbruchverfahrens bei den Griechen fast nur Indizienbeweise besitzen und daher der Stützpunkte ermangeln, auf die wir eine solche These philologisch aufruhen lassen könnten. Die Kreismessung des Archimedes, die ganz isoliert steht und ein Jahrhundert später liegt, kann als Zeuge für die Bruchrechnung nicht ausreichen.

metisierung, von der bisher hier allein die Rede gewesen war, als ein
zweiter Schritt des ausgehenden 19. Jahrhunderts; den arithmetischen
Axiomen fehlt die Evidenz, die die geometrischen aus der Anschauung
bezogen hatten, und darum wurde Wert darauf gelegt, sie weiter zu
untermauern und das System der reellen Zahlen aus dem der ganzen
Zahlen konstruktiv aufzubauen, so daß nur deren Wesensbestimmung
als weiteres Problem offenblieb. Axiomatisierung und Arithmetisierung
zusammen kennzeichnen erst den Zahlbegriff, der 1900 gültig war. Welchen der beiden Schritte man höher wertet, wird immer Geschmackssache
bleibt.

Je nachdem wird man die Differenz zwischen moderner und griechischer Mathematik verschieden werten, und alle Meinungsunterschiede
über diesen Punkt haben hierin ihre Ursache. Nicht minder wird die
Abwägung dieser beiden Schritte gegeneinander wichtig sein, wenn man,
wie wir es hier tun, den Begriff der griechischen Mathematik analysiert
und die Rolle von Plato und Aristoteles gegeneinander abgrenzen will.
In Euklid V ist eine Lehre von den $\mu\varepsilon\gamma\acute{\varepsilon}\vartheta\eta$ und den $\lambda\acute{o}\gamma o\iota$ aufgestellt,
die nicht nur eine Zusammenfassung von ebener und räumlicher Pro-
portionenlehre unter einer gemeinsamen Nomenklatur sein will, sondern,
wie es Aristoteles (anal. post. 85 b$_1$) ausdrücklich bezeugt, $\pi\alpha\varrho\grave{\alpha}\ \tau\alpha\tilde{v}\tau\acute{\alpha}\ \tau\iota$,
eine in sich selbst ruhende Theorie, der klare Axiome vorangestellt sind.
Und wenn Aristoteles eben diese Struktur der Proportionenlehre bekämpft (nicht in den anal. post., sondern erst viel später, Metaph. XII,
1077 a), so schließt sich dies in Verbindung mit allem, was wir hier dargelegt haben, zu einem einheitlichen Bilde zusammen: Platos Akademie hat
eben diese Axiomatisierung vollzogen (ob es „reelle Zahl" oder „$\lambda\acute{o}\gamma o\varsigma$"
heißt, ist dabei Nebensache), und Euklid hat sie in die Tat umgesetzt,
wenn er sie auch nicht explizite bekennt, vielleicht, um die Mathematik
aus dem Methodenstreit der Philosophen herauszuziehen. Möglicherweise
ist es — und das würde sich dem von Fr. Solmsen entworfenen Bilde[25])
einfügen — Plato selbst, der diese Axiomatisierung vollzogen hat, und
vielleicht weist das am Ende von Buch VI des Staats aufgestellte Programm über das Wesen mathematischer Forschung bereits in diese Richtung. Hier liegen jedenfalls die Möglichkeiten, die ein genaueres Studium
der Ideenlehre zu erforschen haben wird.

Ob Plato aber auch die Arithmetisierung angestrebt hat — und Taylors Ansatz ist ganz und gar auf diese zugespitzt — ist eine besondere
Frage, durch deren einseitige Hervorkehrung man aller der eben geschilderten Fragestellungen verlustig gehen würde. Weit zwangloser als
der Cantorsche Begriff würde sich jedenfalls dann Dedekinds Schnitt,
diese andere Form der Einführung der Irrationalzahlen, die im Brauch
ist, in die griechische Sphäre einfügen (vgl. dazu auch [28])); unterscheidet

sich diese Dedekindsche Theorie doch von Euklid V eigentlich überhaupt nur dadurch, daß der Gedanke der Arithmetisierung bewußt ausgesprochen ist[29]). Mag sein, daß die weitere Verfolgung der πϱοϊόν-Stellen, daß das Studium des Parmenides in dieser Richtung etwas klären kann. Aber gerade als Mathematiker muß ich es aussprechen, daß dies nicht durch Aussinnen mathematischer Möglichkeiten geschehen kann — deren gibt es genug — sondern nur auf philologischer Grundlage, durch Interpretieren und Übersetzen.

---

[29]) Daß die ἀόϱιστος δυάς der Schnitt sein könnte, kommt ebenso schlecht zurecht, wie die Annahme, sie bedeute die Cantorschen Folgen. Auch hier wüßte ich nicht zu deuten, was es heißen soll, daß „er die Eins der Gleichheit weihte" und alle die anderen Dinge, die in der obigen Auffassung glatt lesbar waren.

Zur Theorie des Logos bei Aristoteles.

Von Julius Stenzel in Kiel.

I.

Die folgenden Erörterungen können unmittelbar unter den in den
letzten Worten Toeplitzens enthaltenen Gesichtspunkt gestellt werden:
Interpretieren und Übersetzen. Sie wollen in mehrfachem Sinne
eine Ergänzung des vorhergehenden Aufsatzes versuchen. Vergleicht man
das Programm einer Platointerpretation, das Toeplitz 1925 in der „Antike" 1, 203 entwickelte, mit dem obigen Aufsatze, so liegt der entscheidende Fortschritt darin, daß auf einem für die griechische Mathematik
sachlich grundlegenden Gebiete, der Proportionenlehre, zugleich ein Ansatzpunkt aufgewiesen ist, der haarscharf den Kern der Platonischen
Ideenlehre und damit der altakademischen einschließlich der aristotelischen Logik trifft. Eine in der Sache so tief begründete Entdeckung
kann natürlich als mannigfach vorbereitet, als „in der Luft liegend"
nachträglich erscheinen, und in der Tat mußte jeder, der über die philosophische Bedeutung der griechischen Zahlenlehre je ernstlich nach-
gedacht hat, an vielen Stellen auf die Bedeutsamkeit der Proportion
stoßen. Ich möchte hier ausdrücklich sagen, daß mir in der prinzipiellen
und unmittelbaren Beziehung von Idealzahl und Logos im Sinne der
vorstehenden Abhandlung ein entscheidender neuer Punkt erreicht zu
sein scheint, von dem aus gesehen so ziemlich alles, was im Umkreis
dieser Probleme liegt, ein neues, schärfer geschnittenes Gesicht bekommt.
Man könnte an den Anstoß denken, der eine den Gefrierpunkt erreichende
Flüssigkeit zur festen Gestaltung bringt. Von der Fruchtbarkeit des
Logosgedankens als eines heuristischen Prinzips der Interpretation platonischer und aristotelischer Gedanken möchte ich im folgenden eine
praktische Probe geben. Während Toeplitz mehr die Punkte bezeichnete,
an denen man im Umkreise platonischen Denkens die Pfähle einzu-
schlagen hat zur Befestigung eines das ganze Gebiet überspannenden
Netzes, möchte ich umgekehrt versuchen zu zeigen, wie eine zunächst
etwas wirre Aristotelesstelle durch die Einbeziehung des Logosgedankens
Zusammenhang bekommt und alle Verwirrtheit auf ein einheitliches
Prinzip zurückgeführt werden kann: hinter diesem aristotelischen Ge-

dankengang steht ein spezifisch platonischer, der nun ähnlich wie der vom Tang überwucherte Meergreis Glaukos im 10. Buche des platonischen Staates von aristotelischen Erweiterungen überwachsen ist, weil Aristoteles selbst kein sachliches Interesse an dem Grundgedanken mehr hat. Da das „$\varepsilon\grave{\iota}x\acute{\alpha}\zeta\varepsilon\iota\nu$", das „Vergleichen" im allgemeineren Sinne des Gleichnisses und Vergleichs wie ich es eben übte, notorisch als die letzte Ausstrahlung des Logos- und Proportionsgedankens in der alten Akademie betrachtet wurde, also dieses uns heute höchst unwissenschaftlich scheinende Denk- und Darstellungsmittel als anschauliche Abkürzung rationaler Zusammenhänge und als annäherungsweise Bezeichnung „irrationaler" Motive gebraucht wurde, möchte ich noch ein weiteres Bild, ein $\varepsilon\grave{\iota}\delta\omega\lambda o\nu$, für die Leistung mathematisch orientierter Interpretation andeuten. Der zu deutende Text dieser Zeit gleicht einer polychromen photographischen Platte, deren farbiger Gehalt durch eine Reihe sehr verschiedener Entwickler nacheinander herausgeholt werden muß; es bedarf also unter Umständen eines schärferen mathematischen Entwicklers, um in düsteren Partien Farbe und Kontur sichtbar zu machen; die unbedingte Notwendigkeit, aber auch die Grenzen, ja die Gefahren dieser Interpretationsmethode sind aus diesem Bilde sofort abzulesen, denn eine z. B. nur mit Rotentwickler bearbeitete Platte ergibt natürlich ein ebenso irreführendes Bild wie eine nur mit einem Allerweltsentwickler bearbeitete, auf der ein verwaschenes Grau bestenfalls erscheint, aus dem man „nichts erkennt"; ein allzu scharfer Spezialentwickler kann sogar die ihm nicht zugeordneten Farbmöglichkeiten zerstören. So möchte ich auf die besondere Aufgabe angewendet, diesen Vergleich so auswerten: es sollen aus diesen Kapiteln des Aristoteles die mathematischen Schichten herausgeholt werden, ohne darum die Sichtbarkeit der philosophisch-logischen zu beeinträchtigen.

Doch dieser Vergleich soll nur die erste Seite, nach der Toeplitz' Methode ergänzt werden sollte, bezeichnen, nebenbei übrigens die Methode Toeplitz' gegen parallel vorgehende, hyperscharfe Modernisierungen der antiken Grundlagenspekulation — wie ich überzeugt bin, ganz in seinem Sinne — abgrenzen. Dieser erste Punkt ist also: Interpretation zusammenhängender Stellen mit gegenseitiger Korrektur der dort auftretenden mathematischen und logischen Motive.

Die zweite Ergänzung ist ebenfalls in Toeplitz' Arbeit selbst gefordert: eine vorsichtige Einbeziehung allgemein logischer Gesichtspunkte. Diese Einbeziehung kann nun — damit möchte ich gleich die Hauptergebnisse der folgenden Erörterung vordeuten — bezeichnen — nicht periphere Probleme betreffen, sondern wenn das Zusammengehen logischer und mathematischer Gesichtspunkte für Platon überhaupt in

Frage kommt, so handelt es sich um die zentralen Grundbegriffe, die ἀρχαί, die Prinzipien, die πρῶτα, das „Erste". Es kann sich also nur darum handeln, den überlieferten Prinzipien des Eins und der unbestimmten Zweiheit einen Sinn zu geben, der sie als „vorhergehend" sowohl vor mathematischer als auch vor logischer Anwendung aufzufassen gestattet. Es scheint mir grundwichtig, zu beachten, daß Platon nicht mathematische Prinzipien einfach für logische oder logische für mathematische ausgegeben hat, sondern eine grundsätzlich „höhere", primärere oder wenn man will primitivere Schicht zu erfassen suchte, in der Prinzipien von charakteristischer Unbestimmtheit angetroffen werden. Die für den Interpreten oft so quälende Unbestimmtheit und Vagheit aller Angaben muß aus dieser Einstellung heraus begriffen, das Problem dieser Unbestimmtheit in ein Postulat verwandelt werden.

Hieraus ergibt sich, daß die Hauptabsicht der folgenden Untersuchungen darin bestehen muß, den Sinn der Unbestimmtheit, der in der „unbestimmten Zweiheit" gemeint ist, so klar wie möglich abzugrenzen und ihn dem Sinn der Bestimmtheit, die in dem anderen Grundprinzip, dem „Eins", sichtlich gemeint ist, gegenüberzustellen. Was den ersten Teil dieser Aufgabe betrifft, die genaue Erfassung dieser Unbestimmtheit des ἀόριστον, so glaube ich hier eine neue Deutung vorlegen zu können. Toeplitz hat die Bedeutung des ἀόριστον S. 10 offen gelassen, seine Darstellung geht im ganzen nach der Richtung, die Unbestimmtheit nicht im Logos, sondern in den ihn repräsentierenden Gliedern zu suchen, die alle „in demselben Logos stehen". Ich suche der Unbestimmtheit der Zweiheit in dem Logos selbst einen Platz anzuweisen und leite diejenige Bestimmtheit, die Toeplitz in der Zweiheit eo ipso sieht: daß es ein und derselbe Logos ist, gerade von dem andern Grundprinzip, dem Eins ab. Diese meine Ansicht möchte ich mit neuen Gründen, d. h. neuen Stellen von der oben geschilderten Art zur Diskussion stellen.

Es ist von vornherein klar, daß zwei so grundsätzlich gemeinte Prinzipien wie das Eins und die unbestimmte Zweiheit in ihrem Bedeutungsgehalte in strenger gegenseitiger Wechselbeziehung stehen müssen, also auch das Eins auf die in der bezeichneten obersten Schicht ihm anhaftende Allgemeinheit genau geprüft und diese Allgemeinheit umgrenzt werden muß. Es ist aber klar, daß auch das Prinzip des Eins genau so wie das der unbestimmten Zweiheit sowohl der logischen wie mathematischen Bestimmtheit vorausliegen muß. Auf die gegenseitige Beziehung des Eins und der unbestimmten Zweiheit wird deshalb besonders geachtet werden, jedenfalls der Sinn des Eins im Zusammenhang mit dem andern Prinzip herausgestellt werden müssen. Damit ist der Umkreis der

Aufgabe vorläufig umrissen, und wir könnten mit unserer eigentlichen Arbeit beginnen: Interpretieren und Übersetzen.

Doch Interpretation auf diesem verwickelten Gebiete altakademischer Spekulation wird mühsam sein, und es wird manche mehr philologische Einzelheit unterlaufen müssen, auf die der mehr mathematikgeschichtlich interessierte Leser nicht nur gern verzichten würde, sondern die, was wichtiger ist, von der Aufnahme des sachlichen Zusammenhanges ablenken könnte, auf dem für alle Leser die entscheidende Überzeugungskraft solcher Interpretation doch letzten Endes beruht. Andrerseits wird das Beweismaterial durchaus in der Einzelinterpretation vorgelegt werden müssen. Hier sind also einige Vorkehrungen zu treffen. Die erste ist die Unterscheidung von großem und kleinem Druck. In großem Druck werden die entscheidenden Gesichtspunkte gegeben, aus denen sich der Zusammenhang aufbaut; in kleinem Druck sind diejenigen Teile der Aristoteleskapitel behandelt, die mehr den Zustand und Inhalt des zufällig in dieser Form uns überlieferten Aristotelesbuches angehen und damit in den philologischen Beweis für die Authentizität der gegebenen Aristotelesinterpretation, nicht aber unmittelbar in den strengen Duktus des aus ihnen rekonstruierten platonischen Gedankenganges gehören.

Dies ist die eine Sicherung. Die andere besteht darin, daß einige sachliche Überlegungen, die über dem Ganzen stehen, und einige historische Gegebenheiten, an die ebenfalls das Ganze geknüpft ist, vorausgeschickt werden, weil ihre Erörterung innerhalb des Gedankenganges diesen ungebührlich unterbrechen würde.

Das erste sind einige Selbstverständlichkeiten, Terminologien und Kleinigkeiten des griechischen Sprachgebrauchs. Logos im mathematischen Sinne heißt Verhältnis; ein Logos ist z. B. 1 : 2; 2 : 4 ist „derselbe" Logos. Alle Größen, die in „demselben" Logos stehen, sind ohne weiteres ἀνὰ λόγον, sind Analoga (Eukl. V def. 6); in Euklids 8. Definition tritt dort für diese Proportion der Name Analogia auf, ein Terminus, den Aristoteles als Logosgleichheit erläutert (Stellen bei Bonitz Index Aristotelicus s. v. ἀναλογία). Diesem Begriff der Analogia entspricht es, wenn wir heute zwischen identische Logoi das Gleichheitszeichen setzen. Von Logosgleichheit kann aber erst dort gesprochen werden, wo der Begriff des größeren und kleineren Logos auftritt und der gleiche Logos von beiden als ein zwischen ihnen liegender Grenzfall abgehoben werden muß. Logosidentität und Logosgleichheit weisen also zunächst auf ganz verschiedene Sachverhalte hin. Aber es wird im folgenden lediglich darauf ankommen: „derselbe" Logos ist überall, wo immer er auftritt, als einer und derselbe „mit sich identisch"; er hat darin eine wichtige Eigenschaft mit dem in sich identischen „Begriffsgehalt", mit der

Bedeutungs„einheit“ gemeinsam, die dem Satze der Identität bzw. dem des Widerspruchs und damit aller formalen Logik zugrunde liegt. Dagegen der mathematisch präzisierte Logosbegriff, von dem ein größer, gleich oder kleiner ausgesagt werden kann, ist eine ursprünglich quantitative Angelegenheit.

Diese beiden Seiten des Logosgedankens sind die Quelle mannigfacher Verwirrung in alter und neuer Zeit gewesen; sie bezeichnen aber zugleich den Ansatzpunkt für seine vollständige Ausdeutung. Es wird sich zeigen, daß die platonische Prinzipienlehre genau nach dieser Stelle des Logosgedankens, an der „derselbe“ und der „gleiche“ Logos sich bei aller Verschiedenheit treffen, hinzielt und von diesem Punkte her einen Zugang zu dem ganzen Bereiche des Qualitativen, der Bedeutungseinheit, und des Quantitativen zu gewinnen sucht.

Es war bei der Beschreibung des Sachverhalts des „selben“ und des „gleichen“ Logos unmöglich, das Wörtchen „Eins“ (Einheit, einer), zu vermeiden. In der Tat spiegeln sich in ihm alle Schwierigkeiten und alle Fruchtbarkeit des Logosbegriffes wieder und wir werden demnach von dem Einsbegriffe ausgehen müssen. Wenn Platon die Zahl und die Idee in eine nähere Verbindung gebracht hat — und dies ist ja der Sinn seiner späteren Ideenlehre —, so kann dies nur darin begründet sein, daß er dem „Eins“ eine Bedeutung zugewiesen hat, die sowohl mit der „ideen“-, der bedeutungsmäßigen als mit der eigentlich zahlenmäßigen Bestimmtheit etwas zu tun hat, und von der aus erst alle die verschiedenen Zahlregionen der Idealzahlen und mathematischen Zahlen, die Leugnung der einen Region, der Zusammenfall beider, kurz der ganze Prinzipienstreit der alten Akademie einen Sinn erhalten kann.

Wir hatten schon kurz auf den Unterschied des „Qualitativen“ und „Quantitativen“ hingewiesen; er steht mit den beiden Hauptrichtungen, nach denen sich uns der Einsbegriff bereits zu gliedern begonnen hat, 1. der bedeutungsmäßigen und 2. der im engern Sinne arithmetischen in deutlichem Zusammenhang. Dieser Unterschied hängt mit einem Problem zusammen, das sichtlich die Akademie stark beschäftigt hat und mindestens in den Altersdialogen Platos bereits als mehr oder weniger greifbares Motiv arbeitet, der Beziehung zwischen dem „Eins“ und dem „Anderen“. Das „Andere“, ἕτερον, im Gegensatz zum „Selben“, ταὐτόν, ist platonische Grundkategorie, am deutlichsten in den Dialogen Parmenides, Sophistes und Timaios. Bei dem engen Zusammenhang, den jedenfalls damals das philosophische Denken mit den in der lebenden Sprache wirksamen Kategorien hatte, muß auch auf den Sprachgebrauch des Griechischen hierbei geachtet werden. Dasjenige Eins, das als Element einer zahlenmäßigen Menge auftritt oder, falls diese Menge als abgezählt gedacht wird, als vorhergehendes neben einem folgenden

steht, muß dem zweiten, dritten usw. gegenüber nach dem Wesen der
Zahl nicht ein anderes, sondern es muß gleichartig sein — das betont
Plato wiederholt. Hier sieht er grade den eigentümlichen Abstraktions-
zwang, der im Zählen liegt, das zunächst nur auf gleichartige Dinge —
„gleichbenannte" Zahlen — angewandt werden kann, in einem tieferen
Sinne aber überhaupt kraft seiner eigentümlichen Funktion zu „unbenannten", also relativ zu jeder Bestimmtheit im Sinne der Benennung
abstrakten Gebilden fortzuschreiten anleitet. Hier liegt eine Wurzel
der propädeutischen Kraft der Zahl. Mit dieser Tendenz der Zahl steht
nun in merkwürdigem Gegensatz diejenige Funktion, die aus dem Eins
sich entwickelt, wenn man es in der Bedeutung des so-bestimmten, des
Dies-da, also als Bedeutungseinheit faßt; denn dann erhält es nicht
einen ihm gleichartigen Nachbar wie in der Zahlenreihe, von dem es bloß
durch seinen Stellenwert unterschieden ist, sondern es tritt in Gegensatz
zu einem andern. Die deutsche und lateinische Sprache bringt diese
Zwiespältigkeit, die im Einsbegriff liegt, auch beim „Zweiten" zum Ausdruck, indem sie dasjenige Pronomen, das zunächst diese Andersheit bezeichnet, auch für die zweite Stelle der Zahlenreihe verwendet; im Lateinischen ist alter häufig gleichbedeutend mit secundus, und auch im
früheren Deutschen steht selbander neben selbdritt. Im Griechischen
liegt merkwürdigerweise die Sache noch etwas verwickelter, indem es
einen andern charakteristischen Zug mit dem Lateinischen im Gegensatz
zum Deutschen gemeinsam hat. Das „Eine und das Andere" ist weder
im Griechischen noch im Lateinischen eine mögliche Gegenüberstellung,
sondern das ἕτερον, das andere, tritt sofort schon im ersten Gliede des
Gegensatzes auf, genau so wie das lateinische alterum (der eine und der
andere heißt im Griechischen ἕτερος — ἕτερος wie im Lateinischen
alter — alter). Die paarweise Zuordnung der beiden im Deutschen verschieden bezeichneten Begriffe durch das eine griechische Wort ἕτερα
legt schon durch diesen sprachlichen Ausdruck eine Kategorie nahe, die
dieser Paarung, und zwar unter ausdrücklicher Betonung des Wechsel-
verhältnisses, zugewiesen ist. Die Kategorie dieser Zweiheit (δυάς) wird
einerseits die Tendenz haben, bei der Zweiheit stehen zu bleiben, nicht
einfach weiter zu zählen, da ja das Eine und das von ihm verschiedene
Andere darin aufgehen, andererseits wird es dem griechischen nicht so
wie dem deutschen Sprachgefühl naheliegen, dem ersten durch das
deutsche Wort „ein" bezeichneten ἕτερον von vornherein eine nähere
Beziehung zum Eins zu geben, sondern wenn diese Zuordnung erfolgt,
so wird das ἕν, das Eins, als einheitstiftendes, bedeutungfixierendes Prinzip als etwas begrifflich Neues sowohl dem einen wie dem andern ἕτερον
zugeordnet werden müssen; also es wird ein Paar gleicher Glieder hergestellt werden können, die leichter als das eine und das andere abzähl-

bar erscheinen. Zum eins, ἕν, und der Zweiheit, δυάς, wird also ganz von
selbst die Reihe logischer gegensätzlicher Kategorien wie das Selbe (ταὐτόν) und das Andere (ἕτερον), die bestimmte Grenze (πέρας) und das Unbegrenzte (ἄπειρον), vom Logosbegriff Toeplitz' aus sogar das Gleiche
(ἴσον) und das ungleiche (ἄνισον) in ein engeres Verhältnis treten müssen.
Alle diese Begriffe müssen um den Einsbegriff kreisen (vgl. die unten
S. 62 angeführte Stelle des „Staates" 524 b ff.).

Wie weit Plato die Kraft und Bedeutung des Eins auszudehnen geneigt ist, wie klar er sich des Unterschiedes und der Beziehungen zwischen
dem Eins und dem „Selben", ἕν und ταὐτόν, bewußt bleibt, möge eine
Stelle des Timaios 31 c verdeutlichen, die einen sehr merkwürdigen Einsbegriff anführt. Die Stelle hat folgenden Sinn: Was bindet verschiedene
„viele" Dinge möglichst eng zum Eins zusammen ? Die Analogie, die eine
stetige Proportion zwischen Dingen irgend welcher Art stiftet, sie
in ihrem Verhältnis zueinander dasselbe sein läßt — sie läßt sie deshalb, weil sie zueinander in demselben Verhältnis stehen, eins, ἕν
werden. (δεσμῶν δὲ κάλλιστος ὃς ἂν αὐτὸν καὶ τὰ συνδούμενα ὅτι μάλιστα ἓν
ποιῇ, τοῦτο δὲ πέφυκεν ἀναλογία κάλλιστα ἀποτελεῖν. ὁπόταν γὰρ ἀριθμῶν
τριῶν εἴτε ὄγκων εἴτε δυνάμεων ὡντινωνοῦν ᾖ τὸ μέσον, ὅτιπερ τὸ πρῶτον
πρὸς αὐτό, τοῦτο αὐτὸ πρὸς τὸ ἔσχατον, καὶ πάλιν αὖθις . . . ., πάνθ' οὕτως
ἐξ ἀνάγκης τὰ αὐτὰ εἶναι συμβήσεται, τ ὰ α ὐ τ ὰ δ ὲ γ ε ν ό μ ε ν α ἀ λ λ ή λ ο ι ς
ἓ ν π ά ν τ α ἔ σ τ α ι.)

Die Überwindung des Gegensatzes von Vielheit und Einheit durch
die Proportion — also ein „Eins durch Analogia" — dies knüpft sachlich
unsere Darlegungen an die Abhandlung Toeplitz' an. Hier ist ein Punkt
bezeichnet, den unsere Erörterung erst später erreichen wird, indem sie
die verschiedenen Bedeutungen des Eins, die Aristoteles unterscheidet,
genau bis zu dieser merkwürdigen Konzeption des ἓν ἀναλογίᾳ geduldig
verfolgt.

II.

Aristoteles hat uns der umständlichen, übrigens auch in ihrem Ergebnis von subjektiven Auswahlprinzipien nie ganz unabhängigen Zusammenstellung zerstreuter Stellen über das Eins überhoben, da er selbst
eine Zusammenfassung versucht hat. Den Bestand altakademischer Anschauungen über das ἕν und die mit ihm in Beziehung stehenden Begriffe registriert er im 6. bis 15. Kapitel des Buches Δ der Metaphysik;
in diesem Buche geht er alle in mehrfachem Sinne gebrauchte Worte
durch und legt ihre besonderen Bedeutungen auseinander[1]. An das

---

[1] Jaeger, Aristoteles S. 210 hält — mit Recht — dieses Buch für eine mehr
zufällig zur Metaphysik gestellte besondere Abhandlung; wir werden weiter unten
zeigen, in welche Gegend der akademischen Philosophie diese Bedeutungsforschung
wohl gehören könnte.

Kapitel 6 über das ἕν wird die Erörterung passend anknüpfen, um den eigentlich griechischen, insbesondere akademisch-platonischen Boden zu gewinnen.

Aristoteles hat in diesen Erörterungen meist das Einteilungsschema: in accidentellem — in wesensmäßigem Sinne, κατὰ συμβεβηκός — καθ' αὐτὸ λεγόμενον; so auch hier beim ἕν. Wir können über den accidentellen Sinn hier rasch hinweggehen. Wie wichtig auch für die Seins- und Prädikationslehre Erörterungen von der Art sind: Koriskos und das Musikalisch-Gebildete ist — im besonderen Falle — eins, weil Koriskos musikalisch gebildet ist, oder allgemeiner: zum Wesen Mensch gehört gebildet hinzu — wir können uns jetzt auf den einfachen Hinweis beschränken, daß hier die Einheit eines Seienden mit dem Worte ἕν bezeichnet wird. Von den Dingen, die an sich eins genannt werden, werden nun hintereinander folgende beschrieben; die Aufzählung der Fälle und Beispiele orientiert zunächst darüber:

Continua.

a) Bündel durch Band (δεσμός);

b) Holz durch Leim;

c) ein zusammenhängender, wenn auch in sich gebrochener Linienzug;

d) Bein oder Arm, sofern ihre Teile durch Gelenke verbunden sind.

Hier begegnen wir nun auch bereits bei Aristoteles genau so wie in der zuletzt erwähnten Platostelle einer Abstufung; des ἕν-Seins. Zunächst wird die natürliche Einheit höher gestellt als die künstliche. Wichtiger ist aber die neue Definition des ἕν mit Hilfe des Begriffes der einheitlichen, d. h. gleichzeitigen Bewegung. Was sich notwendig als Ganzes gleichzeitig bewegt, wie die Wade, ist mehr ἕν als das Bein, dessen einer Teil in Ruhe sein kann, während sich der andere bewegt. Diese ἕν-Bestimmung wird nun ausdrücklich auch auf die geometrischen Gebilde angewandt; auch die gerade Linie ist mehr ἕν als die gebrochene, weil deren Teile die Winkel, die sie zueinander bilden, ändern können; die Bewegung der geraden Linie erfolgt immer zugleich; kein ausgedehnter Teil von ihr kann zugleich ruhen, während der andere sich bewegt — was bei der gebrochenen möglich ist. Kein „Teil mit μέγεθος" mit Größe, wie Alexander zur Stelle bemerkt — dies soll den Einwand ausschließen, daß eine Strecke um einen ihrer Endpunkte gedreht werden könnte; das πέρας, die Grenze ist kein ausgedehnter Teil.[2])

Nachdem noch kurz der in der Physik V, 3 sehr viel genauer auseinandergesetzte Unterschied von Continuum und Berührung (ἀφή) gestreift war, geht Aristoteles nun zur „eidetischen" Einheit über.

Eins, ἕν ist dasjenige, dessen Substrat der Formbestimmtheit, dem Eidos nach, unterschiedslos ist; unterschiedslos ist das Substrat, das „der Wahrnehmung nach unteilbar" ist, wobei noch „erstes" und „letztes" Substrat (ὑποκείμενον) unterschieden werden. Ein Beispiel zeigt leicht, was gemeint ist: Im Gegensatz zu seiner quantitativen Teilbarkeit ist der Wein und sein Substrat dem Eidos nach eins, nämlich dies, Wein; dieses Substrat ist sein „letztes"; sein erstes wäre Flüssigkeit schlechthin: Öl, Wein, Wasser, Geschmolzenes sind alle zusammen ἕν, eins dem Eidos nach. Der nächste Gebrauch des ἕν bezeichnet die Gattungsgleichheit der Dinge, deren γένος ἕν ist und in sich entgegengesetzte Artunterschiede enthält; Pferd,

---

[2]) Die Rolle der κίνησις und ῥύσις in der mathematischen Theorie der Alten darzustellen wäre eine große Aufgabe; liegt die durch die Erwähnung des μέγεθος geschaffene Klarheit über gewisse sophistische Spitzfindigkeiten am Ende schon der Stelle Staat IV, 436 d zugrunde, wo über das Ruhen des Mittelpunktes bewegter Kreisel gesprochen wird?

Mensch, Hund sind sämtlich Lebewesen (ζῷα) und als solche ἐν τῷ γένει, dem Genos nach eins. Für Aristoteles rückt Stoff (ὕλη) und Gattung (γένος) auf gewisse Weise zusammen; denn für die verschiedenen Flüssigkeiten des Weines, Öles usw. ist „Flüssigkeit" zugleich stofflich wahrnehmbare Bestimmtheit (Hyle) und höhere Art, Genos. Daß alle diese Bestimmungen logisch gemeint sind, ergibt sich aus dem in der Tat höchst eigenartigen formalen Stoffbegriff, den sie involvieren (vgl. Stenzel, Zahl und Gestalt 132): Genos als höhere, noch nicht differenzierte, aber die Differenzierung der Möglichkeit nach (δυνάμει) enthaltende Hyle.

Daß auch Aristoteles, wenigstens als er Buch Δ schrieb, dauernd die mathematischen Dinge im Auge behielt, lehrt gleich wieder das nächste Beispiel: gleichschenkeliges und gleichseitiges Dreieck ist ein und dieselbe Figur, nämlich Dreieck; als Dreiecke aber sind beide unterschieden. Die mathematische Assoziation hält er auch über den nächsten grundsätzlich neuen Punkt hinweg fest: Nachdem er der Definition (Logos), die zwar aus Worten besteht und insofern teilbar ist, ihre Bedeutungseinheit, die unteilbare Sache gegenübergestellt hat, bringt er als Beispiel einer solchen Bedeutungseinheit die in aller Vergrößerung und Verkleinerung (Schrumpfung im Sinne der heutigen Gestaltstheorie) identische Gestaltseinheit einer mathematischen Figur. Alexander kommentiert sehr richtig dahin, daß die Ähnlichkeit unabhängig vom Größer- und Kleinerwerden der Figur ist, wie Aristoteles selbst an einer andern Stelle der Metaphysik J 3 1054 b 5 sich ausdrückt. Wenn alle entsprechenden Stücke „in demselben Logos" bleiben, bleibt die Figur eine; hier ist der Doppelsinn des Logos: 1., wesenbestimmender Begriff, und 2., „Logos", Verhältnis — und zwar „dasselbe" Verhältnis wechselnder, verschiedener Dinge sehr deutlich zu spüren.[3]

Nun beginnt Aristoteles die Zusammenfassungen des Gesagten, obwohl er die für unser augenblickliches Interesse wichtigste Form des ἕν, die des ἀναλογίᾳ ἕν, das Eins durch Analogia, die wir aus dem platonischen Timaios kennen, noch nicht gebracht hat (1016b$_1$):

Ὅλως δὲ ὧν ἡ νόησις ἀδιαίρετος ἡ νοοῦσα τὸ τί ἦν εἶναι, καὶ μὴ δύναται χωρίσαι μήτε χρόνῳ μήτε τόπῳ μήτε λόγῳ μάλιστα ταῦτα ἕν, καὶ τούτων ὅσα οὐσίαι· καθόλου γὰρ ὅσα μὴ ἔχει διαίρεσιν, ᾗ μὴ ἔχει, ταύτῃ ἓν λέγεται, οἷον εἰ ᾗ ἄνθρωπος μὴ ἔχει διαίρεσιν, εἷς ἄνθρωπος, εἰ δ' ᾗ ζῷον, ἓν ζῷον, εἰ δὲ ᾗ μέγεθος, ἓν μέγεθος.

„Überhaupt ist dies am meisten ἕν, dessen Wesenserfassung ein ungeteilter Denkakt ist und das in diesem Denkakt weder der Zeit noch dem Orte noch dem Logos nach getrennt werden kann, und von diesen Objekten wieder am meisten ἕν die Substanzen. Allgemein nämlich wird alles das, was keine Teilung hat, sofern es keine hat, als ἕν angesprochen, z. B.

---

[3]) Phys. B 3 194 b 23 zwei Arten der Ursache, 1. Stoff, 2. Form.

Ἕνα μὲν οὖν τρόπον αἴτιον λέγεται τὸ ἐξ οὗ γίνεταί τι ἐνυπάρχοντος, οἷον ὁ χαλκὸς τοῦ ἀνδριάντος . . . ., ἄλλον δὲ τὸ εἶδος καὶ τὸ παράδειγμα· τοῦτο δὲ ἐστὶν ὁ λόγος ὁ τοῦ τί ἦν εἶναι καὶ τὰ τούτου γένη, οἷον τοῦ διὰ πασῶν τὰ δύο πρὸς ἕν, καὶ ὅλως ὁ ἀριθμὸς καὶ τὰ μέρη ἐν τῷ λόγῳ.

Auf andere Weise [wird] das Eidos und das Paradeigma [verursachend genannt]. Dieses ist aber der Logos [die Definition] des „Wasseins" und dessen Arten, wie z. B. das Verhältnis 2:1 für die Oktave, und überhaupt die Zahl und die Teile einer Definition [bzw. die Glieder eines Verhältnisses].

wenn bei jemandem als Menschen keine Unterteilung stattfindet, so ist er ein Mensch; insofern er als ein ungeteiltes Lebewesen auftritt, ist er das eine Lebewesen; sofern er [in irgendeinem Zusammenhang] als ausgedehnte Größe auftritt, ist er eine Größe."

Wir werden später sehen, wie sich für den Aristoteles des Buches *Δ* diese relative Beziehung der verschiedenen Funktionen des Eins zueinander darstellt, und daß die Anordnung verschiedener Einsbegriffe nach einem bestimmten Prinzip ein Hauptstück der spätplatonischen Grundlehren gewesen ist. Wir müssen zuerst noch das folgende, obwohl es zunächst noch keine neuen Funktionen des Eins erwähnt, genauer betrachten, weil durch den zusammenfassenden Rückblick das Vorhergehende geklärt wird, vor allem aber, weil bei genauerer Betrachtung die mathematische Grundfarbe des ἕν-Begriffes mannigfach durchschlägt und zu den Grundlagen derjenigen Lehren hinführt, um derentwillen die ganze Untersuchung in diesem Rahmen unternommen wurde. Das Leitmotiv des folgenden ist der Satz aus 1016 b Zeile 4: „Besonders sind ἕν die Wesenheiten, die οὐσίαι." Zunächst wurde zweimal das oberste Prinzip der ἕν-Auffassung aufgestellt, nämlich das einheitliche Denken, die νόησις, erst an sich, dann als wechselnde „Intention", in der von verschiedenen Gesichtspunkten aus das ἕν des Menschen, des Lebewesens, der Größe herausgegriffen wird; dann wird der Weg zu den ersten Einheiten (πρῶτα), den Wesenheiten (οὐσίαι) beschrieben, 1016 b 6:

τὰ μὲν οὖν πλεῖστα ἓν λέγεται τῷ ἕτερόν τι ἢ ποιεῖν ἢ ἔχειν ἢ πάσχειν ἢ πρός τι εἶναι ἕν, τὰ δὲ πρώτως λεγόμενα ἕν, ὧν ἡ οὐσία μία· μία δὲ ἢ συνεχείᾳ ἢ εἴδει ἢ λόγῳ· καὶ γὰρ ἀριθμοῦμεν ὡς πλείω ἢ τὰ μὴ συνεχῆ ἢ ὧν μὴ ἓν τὸ εἶδος ἢ ὧν ὁ λόγος μὴ εἷς.

„Das meiste wird deshalb ἕν genannt, weil es entweder ein anderes ἕν [etwas Einheitliches] tut oder hat oder erfährt oder zu ihm in einem Verhältnis steht; die primär ἕν genannten Dinge sind die, deren Wesen ein einiges ist, entweder durch Kontinuität oder dem Wesen (Eidos) oder dem Logos nach. Denn wir zählen als mehreres das, was nicht zusammenhängt, dessen Eidos oder dessen Logos nicht eins ist."

Hier wird das gemeinsame Urphänomen der Zahlen- und Ideenlehre berührt, das von ἕν zu ἕν fortschreitende Zählen und das ἕν vom ἕν — in erweiterter Bedeutung — unterscheidende und zu einem nächsten ἕν fortschreitende Denken, beides als gleichartige Operationen aufgefaßt (vgl. über das Verhältnis von ἕν und Zahl die andere spätere Fassung J 6 1057a 6: Deshalb ist alles, was eins ist, auch Zahl, wie z. B. wenn etwas unteilbar ist).

Wieder wird das Bedeutungs- und Ganzheitsmoment ausdrücklich auch in dem mathematischen Gegenstande gesehen. Denn als beweisendes Beispiel für diese Betrachtungsart wird die offenbar hier selbstverständliche platonische These angeführt: Der Kreis ist die am meisten „eine" Linie, weil er ganz und vollendet ist; (weil er am wenigsten von allen Figuren Wegnahme und Hinzufügung erträgt, kommentiert Asklepios p. 316, 2 Hayduck).

Mit diesem Symbol höchster „Einheit" ist nun der Übergang zu den letzten — mathematisierten — Prinzipien vorbereitet. Das Motiv des Zählens, dem wir schon Zeile 9ff. begegneten, wird aufgegriffen und durch die Parallele von Erkennen (γνωρίζειν) und Messen weitergeführt. Das Ziel des Syllogismus ist der Satz:

ἀρχὴ οὖν τοῦ γνωστοῦ περὶ ἕκα-   Prinzip des Erkennbaren ist für jeg-
στον τὸ ἕν. οὐ ταὐτὸ δὲ ἐν πᾶσι   liches das Eins, aber das Eins ist in
τοῖς γένεσι τὸ ἕν.   den verschiedenen Seinsbereichen nicht
    dasselbe (1016b, 20).

Hieraus ergibt sich, daß die Verallgemeinerung der Bedeutung des Eins und damit der Zahl und des Zählens das Ziel dieser Betrachtung ist. Der Anfang lautet: τὸ δὲ ἑνὶ εἶναι ἀρχὴ τοῦ τινὶ ἀριθμῷ ἐστὶν εἶναι, „der Begriff des Eins ist das Prinzip jeder bestimmten Zahl"[4]). Ich fasse bestimmte Zahl in dem Sinne, der mir durch das folgende gefordert scheint, nicht etwa nur als bestimmte Zahl im engern Sinne, also etwa 5, 1000 usw., sondern als das, was in irgendeiner Weise abzählbar ist, wie es die „Elemente" der verschiedenen Gegenstandsbereiche, die Diesis, das kleinste Intervall im Tonsystem, der Laut im System der Sprache sind. Ich möchte auf die Gedankengänge des platonischen Philebos 16c hinweisen: zur Erkenntnis genügt es nicht zu wissen, daß der Buchstabe ein Eins, eine Einheit von Mannigfaltigem ist, andererseits, daß es viele Buchstaben, daß es Intervalle gibt; wieviele Buchstaben usw. es gibt, diese Erkenntnis der Zahl bedeutet zugleich das Wissen über das Wesen jedes einzelnen Elementes (Buchstabens, στοιχεῖον); genau dieselben Beispiele aus der Akustik und Phonetik auch hier, Met. 1016 b 18:

τὸ γὰρ πρῶτον μέτρον ἀρχή, ᾧ γὰρ   Das erste Maß ist das Prinzip; denn
πρώτῳ γνωρίζομεν, τοῦτο πρῶτον   womit als erstem wir erkennen, dies

---

[4]) Die Stelle ist unsicher überliefert; ich schließe mich der Lesart Jaegers Hermes 52 (1917) 504 an, weiche aber, wenn ich ihn recht verstehe, in der Auffassung der „bestimmten Zahl" von ihm ab.

μέτρον ἑκάστου γένους. ἀρχὴ οὖν τοῖ γνωστοῦ περὶ ἕκαστον τὸ ἕν. οὐ ταὐτὸ δὲ ἐν πᾶσι τοῖς γένεσι τὸ ἕν. ἔνϑα μὲν γὰρ δίεσις ἔνϑα δὲ τὸ φωνῆεν ἢ ἄφωνον· βάρους δὲ ἕτερον καὶ κινήσεως ἄλλο.

ist das erste Maß jeglicher Art. Also ist Prinzip des Erkennbaren jedem Objekt gegenüber das Eins. Das Eins [als Maßeinheit] ist aber für jeden Seinsbereich verschieden, für die Töne die Diesis als kleinstes Intervall, für die Sprache Konsonant oder Vokal, für die Schwere oder für die Bewegung wieder etwas anderes.

Der Gedankengang wiederholt hier längst Gesagtes, wie ich allerdings glaube unter dem andern Gesichtspunkte der nun auf Vollständigkeit angelegten mathematischen Prinzipienlehre und unter Betonung der Abfolge der Prinzipien. Eine Reihe von Prinzipien aufstellen, deren Anfang durch das Prinzip der Reihenbildung mittelbar und indirekt charakterisiert ist, das heißt natürlich dem Eins und dem „ersten Element" noch einen ganz neuen Sinn geben.

Ausgehend von der doppelten Unteilbarkeit des ἕν, des begrifflich eidetischen qualitativen und des quantitativen, wird das letztere nun näher gegliedert. In jeder Hinsicht Unteilbares ohne Lagenbestimmtheit ist μονάς, Einheit, mit Lagenbestimmtheit Punkt (στιγμή); in einer Dimension Teilbares ist Linie, in zwei Dimensionen Teilbares Fläche, in drei Körper. Die Reihenfolge wird nun umgekehrt wiederholt, wobei der Körper als Knotenpunkt der zwei gegenläufigen Bewegungen nur einmal gesetzt und der Abstieg zum Punkt und zur Einheit nur über Fläche und Linie vollzogen wird (Jaegers Umstellung von διαιρετόν nötig).

Nun wird nochmals zu einer systematischen Zusammenfassung aller bisher entwickelten Arten des ἕν ausgeholt; die Einführungspartikel ist das in den Lehrschriften, auch bei den Kommentatoren so häufige ἔτι δέ, „auch dies noch". Hier tritt ein entscheidendes Neues hinzu: das ἀναλογίᾳ ἕν, das durch Analogie Eine, die auf Proportionalität von 4 bzw. 3 Gliedern beruhende Einheit — diejenige, von der Plato an der Timaiosstelle gesprochen hatte, die wir an den Schluß unsrer Einleitung gestellt haben. Die Definition dieses ἕν lautet:

κατ' ἀναλογίαν δὲ (sc. ἕν) ὅσα ἔχει ὡς ἄλλο πρὸς ἄλλο.

Durch Analogie eins sind alle Dinge, die sich so verhalten wie ein anderes zu einem andern (1016b, 34).

Beispiele werden von Aristoteles nicht gegeben; die von den Kommentatoren hinzugefügten befremden im ersten Augenblick durch ihre Trivialität (Alexander 369, 24: wie sich die Quelle zum Strom verhält, so das Herz zum Lebewesen; Asklepios p. 316, 20: wie der Kiel zum Schiff, so das Herz zum Lebewesen). Tatsächlich hat auch diese Form der „Analogie" im wissenschaftlichen Denken der Akademie eine große Rolle

gespielt, und zwar als wichtiges heuristisches Motiv der beschreibenden
Naturwissenschaft, zum Zwecke der Klassifikation und biologischen Erkenntnis überhaupt, indem etwa von der Analogie zwischen verschiedenen Organen von Pflanzen und Tieren, Tieren und Menschen gesprochen wird [5]).

Die Inhaltsangabe muß bereits den Eindruck der Unausgeglichenheit
hervorgerufen haben [6]).

Gerade bei solchen mehr schematischen Zusammenstellungen werden die dauern-
den Überarbeitungen, die bei diesen Schulschriften selbstverständlich sind, das Ma-

[5]) Für diesen Anwendungsbereich der Analogie, den der „Ähnlichkeiten“, verweise ich auf das bereits in dem Artikel Speusippos (Pauly-Wissowa-Krolls Real-
encyklopädie der klass. Altertumswiss. Bd. III A 1636) gesammelte Material. Top.
I, 17 108 a 7 folgende zeigt den Zusammenhang von ὅμοιον und Analogia in dem eben
erwähnten Sinne unseres Kapitels im Δ. Wie das eine zu einem, so ein anderes zu
einem andern (ὡς ἕτερον πρὸς ἕτερόν τι, οὕτως ἄλλο πρὸς ἄλλο, 108 a 8). Beziehungen
zwischen entfernten Dingen (διεστῶτα) zu suchen, ist eine gute Übung auch für die
Zusammenschau des Ähnlichen in den einander näherstehenden Dingen, wie denen
innerhalb des gleichen Genos. Die Beispiele, die Alexander 369, 22 ff. zur Erläuterung
des Eins durch Analogia anführt, stehen hier bei Aristoteles selbst: Ähnlich sind
Mensch, Pferd, Hund insofern ihnen die gleichen Eigenschaften des höheren Genos
zukommen. 108 b 7 wird der Wert der Betrachtung des Ähnlichen für Induktion
und Syllogismos (vgl. hierzu auch 108 b 23) und Definition auseinandergesetzt. Es
ist interessant, daß hier als Beispiel der entfernteren Seinsgebiete (Zeile 23 wieder
διεστῶτα) der Punkt auf der Linie und die Monas in der Zahl angeführt wird. Die
Grundlagen dieser bei Speusipp offenbar breit ausgeführten Lehre vom Ähnlichen,
Analogie und Paradeigma lassen sich sämtlich bei Plato selbst nachweisen. Aristoteles hat in der einzelwissenschaftlichen Forschung die heuristische Kraft der Analogie voll ausgenutzt. Was allgemein im 6. Kapitel des Buches Θ der Mataphysik
(1048 a 37) über das „Zusammenschauen des Analogen“ gesagt ist, bestätigen die
naturwissenschaftlichen Schriften. Im 1. Kapitel der Schrift von der Erzeugung der
Tiere (715 b 20) wird z. B. die Unterscheidung von männlich und weiblich „nach
Ähnlichkeit und Analogia“ auch dort durchgeführt, wo die Unterschiede an sich
kaum wesentlich wären. In der Meteorologie 387 b 3 wird — mit Berufung auf den
Philosophen Empedokles — anerkannt, daß man auch für manches, was keinen gemeinsamen Namen hat, nach Analogia eine Einheit und Selbigkeit erschließen dürfe,
etwa von Haaren und Blättern. Im Anfange der Tiergeschichte 486 b 19 benützt
Aristoteles das Prinzip der Analogia, um die Metamorphosen der Organe zu verstehen, „wie sich Knochen zum Stachel, Kralle zum Huf, Hand zur Klaue, Feder
zur Schuppe verhält“. Bis zu den wichtigsten metaphysischen Prinzipien reicht die
Macht der Analogia. „So ist die zugrunde liegende Physis durch eine Analogia erkennbar. Denn wie zur Bildsäule das Erz oder zum Bett das Holz oder zu einem
von den anderen gestalteten Dingen der Stoff und das Ungestaltete sich, bevor es
Gestalt annimmt, verhält, so verhält diese sich zum Diesseienden und zum Seienden“.
(Physik A 191 a 8—12.) Für das Nähere über die Beziehungen des Ähnlichkeits- und
Analogiebegriffs zu der gesamten Problemstellung des späteren Platonismus muß
wieder auf die Darstellung Speusipps verwiesen werden.

[6]) Von spezifisch aristotelischen Problemen, z. B. dem merkwürdig allgemeinen
Gebrauch von κατηγορία 1016 b 33 sei hier abgesehen; vgl. Ross, Aristoteles' Metaphysics Oxford 24, I 304.

terial vervollständigt, freilich aber häufig den Zusammenhang gelockert haben. Die Folge wird die Notwendigkeit gewesen sein, durch kurze, rekapitulierende Zusammenfassungen immer wieder die Übersichtlichkeit herzustellen. Denn nicht durch die Verschiedenheit seines Inhaltes droht dieses Kapitel auseinanderzufallen, sondern durch die mehrmalige Wiederholung des Einteilungsprinzips — eins der Zahl nach, „eins" durch Zusammenhalt, Kontinuität, „eins" dem Eidos, „eins" dem Logos nach. Aber leider findet nicht nur Wiederholung, sondern auch leise Veränderung des Einteilungsprinzips statt; so wird 1016 b 23 eine Zweiteilung vorgenommen: quantitativ und dem Eidos nach ἕν; gleich darauf erscheint aber wieder die frühere Einteilung wiederholt, und, was das Wichtigste ist, das „durch Analogie Eine" hinzugefügt. Ich glaube kaum, daß eine noch so scharfe Kritik die Nähte und Fugen in dem uns erhaltenen Bestande wird zeigen können, so verlockend es an einigen Stellen ist, die Verlegenheitskonjunktion ἔτι δέ als Fingerzeig für äußere Einfügung zu benutzen. Man könnte auch an Vereinfachung denken, an späteres Zurücktreten manches im ersten Entwurf vollständiger Aufgezählten. Außerdem ist der Ton des Buches Δ so, daß durchaus nicht alles von Aristoteles vertreten wird: er berichtet, wie „man" das Wort gebraucht. Aber die Rekapitulationen sind ein Beweis, daß dieses Kapitel zusammengearbeitet worden ist, daß versucht worden ist, eine Einheitlichkeit hineinzubringen.

Es lassen sich aber die Prinzipien wohl noch feststellen, nach denen die verschiedenen nebeneinanderstehenden Fassungen doch für notwendig, für vereinbar und einander ergänzend angesehen wurden und auch von uns so betrachtet werden müssen. Blicken wir noch einmal auf den schärfsten Gegensatz zurück: eidetisches und quantitatives ἕν als Zweiteilung, kurz vor der Vierteilung bis zur Analogia hin. Die quantitative Teilung wird ebenfalls vierfach unterteilt, wie wir sahen, und zwar nach dem bekannten geometrischen Prinzip, das sehr oft als Lehre der alten Akademie erwähnt wird: bei der Monade bzw. beim Punkt ist eine Diairesis, eine Teilung völlig ausgeschlossen; deshalb „folgen" auf den Punkt die Dimensionen als einfach, zweifach, dreifach teilbar. Daß diese an sich einfache Einteilung der verschiedenen Dimensionen nun noch einmal ausdrücklich rückwärts angeordnet wird, ist schon ein Hinweis darauf, daß Aristoteles gerade in der Anordnung etwas Wichtiges sah. Und genau dieses Anordnungsprinzip ist es, das auf den krönenden Abschluß der ganzen ἕν-Betrachtung, auf die vollständige Reihe vom Eins der Zahl nach bis zum Eins durch Analogia angewandt wird. Das Gemeinsame ist in beiden Fällen eine Reihenbildung, bei der in der einen Richtung immer das spätere dem Vorhergehenden in einer bestimmten Weise „folgt" (ἀκολουϑεῖ): Was der Zahl nach eins ist, ist auch dem Eidos nach eins — nicht umgekehrt; was dem Eidos nach eins, ist es auch dem Genos nach — nicht umgekehrt; was dem Genos nach eins ist, ist auch der Analogia nach eins; was durch Analogia eins ist, ist offenbar nichts von allem dem Vorhergehenden. Daß dasselbe Verhältnis bei den Dimensionen obwaltet, ist klar; jede höhere Dimension setzt die einfachere voraus, aber nicht umgekehrt: Punkt und Monade kann bestehen ohne die Linie usw. In einer relativ ausführlichen und zusammenhängenden Inhaltsangabe der platonischen Lehrschrift vom Guten (Alexander zu Metaphysik 987b, 33, p. 55, 23 Hayduck) wird derselbe Sachverhalt mit folgendem Terminus bezeichnet: „Flächen sind $\pi\varrho\tilde{\omega}\tau\alpha$, erste Elemente, Einfacheres ($\dot{\alpha}\pi\lambda o\acute{v}\sigma\tau\epsilon\varrho\alpha$) vor den Körpern; sie werden mit diesen nicht mit aufgehoben ($\mu\dot{\eta}\ \sigma vv\alpha v\alpha\iota\varrho o\acute{v}\mu\epsilon v\alpha$), sie haben also einen Seinsvorrang, sie sind Prinzipien ($\dot{\alpha}\varrho\chi\alpha\acute{\iota}$), Urelemente ($\sigma\tau o\iota\chi\epsilon\tilde{\iota}\alpha$), Erstes („$\pi\varrho\tilde{\omega}\tau\alpha$"). Das Ziel einer solchen Reihe ist also nach der einen Richtung das möglichst erfüllte, individuelle Sein, nach der andern Richtung ein einfachstes, erstes. Jenes Individuelle heißt eins der Zahl nach, $\check{\epsilon}v\ \dot{\alpha}\varrho\iota\vartheta\mu\tilde{\omega}$, dagegen gewinnt das für den ersten Blick spielerische, von der bisherigen Forschung kaum beachtete analogische Eins nun durch die von Aristoteles ausdrücklich betonte Anordnung den Rang eines höchsten, weil ersten Prinzips, eines „nicht mit aufgehobenen", $\mu\dot{\eta}\ \sigma vv\alpha v\alpha\iota\varrho o\acute{v}\mu\epsilon v ov$. Es bleibt als Minimum von „Einheit" auch dort noch bestehen, wo die andern Arten des $\check{\epsilon}v$ aufgehoben sind. Das Beispiel, das Alexander dafür gibt, daß das Eins durch Analogia dem Eins durch Genos und auch dem Eins durch Eidos zugrunde liegt, ist wieder sehr einfach: wie Pferd zu Pferd, so Mensch zu Mensch; wie Pferd zu Lebewesen, so Mensch zu Lebewesen. Umgekehrt erscheint es hier als das Wesen der Analogia, daß sie nicht auf Dinge von gleichem Genos, auf $\dot{o}\mu o\gamma\epsilon v\tilde{\eta}$ beschränkt ist, sondern daß von den verglichenen Paaren das eine von dieser, das andere von anderer Art sein kann. Wir stellen vorläufig folgendes fest: ein Gedankengang, den Alexander zur Erläuterung der aristotelischen Angaben über die Prinzipienlehre Platos anführt und ausdrücklich aus der Schrift $\pi\epsilon\varrho\grave{\iota}\ \tau\dot{\alpha}\gamma\alpha\vartheta o\tilde{v}$ zu schöpfen behauptet (S. 56, 35 Hayd.), kehrt bei Aristoteles hier wieder, bereichert durch zwei charakteristische Motive: **erstens ist er eingebettet in eine Auffaltung der im Eins, dem einen der Prinzipien Platos liegenden Möglichkeiten, zweitens verbindet er ausdrücklich den dort vorgeführten Gedankengang mit dem Motiv des Logos, der Analogia.**

Es erhebt sich eine Reihe von Fragen: Ist in der Tat das „Eins durch Analogia" allgemeingültig für jedes andere Eins? Etwa auch für das der „Zahl nach Eine"? Oder soll der Sinn bloß sein, daß in der Reihe dieser $\check{\epsilon}v$-Begriffe immer lediglich zwei benachbarte Glieder in dem bestimmten Verhältnis der nicht umkehrbaren Folge stehen? Vielleicht würde diese Beschränkung manchem heute sympathischer sein. Der Kommentar des Alexander — wir brachten das Beispiel bereits — übertrug das „Eins durch Analogia" über den unmittelbaren Nachbar, das Eins durch Genos hinaus, auf das „Eins dem Eidos nach". Die Übertragung auf das „der Zahl nach Eine" macht keine besonderen Schwierigkeiten, steigert freilich scheinbar die Trivialität: jedes Ding steht zu sich selbst in einem bestimmten Verhältnis und dieses Verhältnis hat im Bereiche der Größen eine ausgezeichnete Bedeutung, die des „Gleichen", bzw. des Eins, vgl. Toeplitz S. 25; bei der Ausdehnung der Analogia über das Quantitative hinaus bezeichnet dieses „Verhältnis zu sich selbst" die Identität des Gegenstandes mit sich selbst — eine logisch durchaus notwendige Festsetzung[7]). Aristoteles selbst scheint eine solche Ausdeutung nahe zu legen. Im Kapitel 9 desselben Buches Δ wird der Begriff des Selbigen ($\tau\alpha\dot{v}\tau\acute{o}v$) mit denselben Beispielen wie der des $\ddot{\varepsilon}\nu$ erläutert und ausdrücklich gesagt, daß es vom „Selbigen" an sich ebensoviele und dieselben Arten wie vom „Einen" gäbe, und daß überhaupt „die Selbigkeit ($\tau\alpha\upsilon\tau\acute{o}\tau\eta\varsigma$) eine Art von Einheit ($\dot{\varepsilon}\nu\acute{o}\tau\eta\varsigma$) sei, e i n e E i n h e i t v o n mehreren o d e r v o n solchen, d i e m a n wie m e h r e r e g e b r a u c h t, wie z. B. wenn man sagt: dies ist mit sich selbst dasselbe. Da gebraucht man es wie zweierlei Dinge".

Die zweite Frage wirft das Ende des Eins-Kapitels auf. Aristoteles sagt, ebenso viele Arten wie beim Einen gäbe es auch beim Vielen, den $\pi o\lambda\lambda\acute{\alpha}$. An dieser Stelle fehlt wieder die Entsprechung zum Eins durch Analogia. Das ist aber nicht verwunderlich; schon ein „Eins" durch Analogia ist ja notwendig selbst eine Mehrheit von Dingen, die unter einem bestimmten Gesichtspunkte eine Einheit werden, ohne daß die Vielheit aufgehoben werden kann — das einheitliche Genos kann viel eher als Einheit, als übergeordnete Klasse für sich gedacht werden, ohne daß man die in der Klasse zusammengefaßten Glieder ausdrücklich mitdenkt. Daß es mit dem Eins durch Analogia grundsätzlich anders steht, ist klar. Wenn man bedenkt, daß Eins und Vieles der große Gegensatz ist, um den jedenfalls die platonische Spätphilosophie sich bewegt, so leuchtet ohne weiteres ein, daß ein Einsbegriff, der bereits zugleich eine geordnete Vielheit und damit die Überwindung dieses Gegensatzes in sich trägt, wie das Eins durch Analogia, von vornherein eine besondere Rolle spielen kann; wir dürfen uns nur, wie gesagt, durch die scheinbare Trivialität der Beispielssphäre, die uns bisher entgegengetreten ist, nicht abschrecken lassen. Was unsere Stelle betrifft, so würde der Gegensatz zum Eins durch Analogia ein „Vieles" der Analogia sein, d. h. die vielen Dinge schlechthin, die man gar nicht mehr charakterisieren könnte, weil sie selbst des lockeren Bandes der „Einheit durch Analogia" entbehren, das eigentliche $\ddot{\alpha}\pi\varepsilon\iota\rho o\nu$ des platonischen Philebos.

Die oben erwähnten Beispiele zeigen die Brücke, über die der Logosgedanke in die platonische Diairesis eingebaut werden kann. Dinge, die ihrem Wesen nach in keine Beziehung gesetzt, die viele sind, ohne daß eine Möglichkeit ihrer Beziehung besteht, würden in keiner Begriffsteilung untergebracht werden können; umgekehrt

---

[7]) Siehe S. 37 über $\emph{ἴσος}$ und $\dot{o}$ $\alpha\dot{v}\tau\dot{o}\varsigma$ $\lambda\acute{o}\gamma o\varsigma$ und S. 60 über den Widerstreit von $\pi\varrho\acute{o}\varsigma$ $\tau\iota$ und „an sich" im Zahl-Ideenbegriff.

bestehen zwischen allen Gliedern einer Diairesis mannigfaltig bestimmte „Beziehungen"; die einfachen Beispiele, in denen analogische Beziehungen zwischen εἴδη und γένη, zwischen Pferd, Mensch und Lebewesen auftraten, zeigen, wie der Analogiegedanke in diese Sphäre begrifflicher Ordnungen hineinwirkte (s. Toeplitz S. 17).

Vielleicht ist es nicht uninteressant, zu sehen, wie ernst der Mathematiker G. Cantor platonische Theorien genommen hat (Grundlagen einer allgemeinen Mannigfaltigkeitslehre S. 43 seine Definition einer Menge): „Unter einer Mannigfaltigkeit oder Menge verstehe ich nämlich allgemein jedes Viele, welches sich als Eines denken läßt, d. h. jeden Inbegriff bestimmter Elemente, welcher durch ein Gesetz zu einem Ganzen verbunden werden kann, und ich glaube hiermit etwas zu definieren, was verwandt ist mit dem Platonischen εἶδος oder ἰδέα, wie auch mit dem, was Plato in seinem Dialog „Philebos oder das höchste Gut" μικτόν nennt. Er setzt dieses dem ἄπειρον, d. h. dem Unbegrenzten, Unbestimmten, welches ich Uneigentlich-unendliches nenne, sowie dem πέρας, d. h. der Grenze entgegen und erklärt es als ein geordnetes „Gemisch" der beiden letzteren." Cantor faßt (Ztschr. f. Philos. u. philos. Krit. N. F. 88 (1886), 227) „die ἀριθμοὶ νοητοί oder ἀριθμητικοί als transfinite Ordnungstypen" auf.

III.

Wir übergehen die in unseren Ausgaben nächstfolgenden Kapitel, obwohl der Zusammenhang mit dem grundlegenden Begriff des Eins gelegentlich von Aristoteles ausdrücklich hervorgehoben wird; so beim Selbigen, dem ταὐτόν, das an der oben bereits zitierten Stelle als eine Einheit (ἑνότης) erscheint und nach demselben Schema abgehandelt wird. Auch das Ähnliche (ὅμοιον), das hier nur ganz kurz am Ende von Kap. 9 behandelt wird, ist bereits in unseren Zusammenhang gestellt worden, und Kap. 13 über das Quantum, ποσόν, wird noch kurz erwähnt werden. In den mathematischen Bereich und zwar ausdrücklich an dessen uns hier am meisten interessierende Stelle führt uns das Kap. 15 unseres Buches. Das Thema ist bisher kaum als mathematisches betrachtet worden; aber wir müssen an die sprachliche Form, in der das Eins durch Analogia sich darstellt, denken: es ist dies auch bei Aristoteles die im mathematischen Stile übliche doppelte Setzung der Präposition πρός, zu (= im Verhältnis zu), οὕτως ἔχει τι πρός τι ὡς ἄλλο πρὸς ἄλλο, etwas verhält sich zu etwas wie ein anderes zu einem andern. Es liegt also sehr nahe, die verschiedenen Arten des πρός τι, des „Relativen", die im Kapitel 15 des Buches Δ auseinandergesetzt werden, unter den von dem Eins durch Analogia angeregten Problemstellungen zu betrachten.

In der Tat scheint die Ausbildung dieses in einer allgemeineren und unbestimmteren Form in der Philosophiegeschichte überkommenen Begriffes des „Relativen" von jener Seite her aufs stärkste beeinflußt worden zu sein; Aristoteles unterscheidet hier ein „Relatives der Zahl nach", πρός τι καθ᾽ ἀριθμόν, und ein „Relatives", das auf dem Gegensatz von Tun und Leiden, ποιεῖν und πάσχειν, von Dynamis und Energeia, „Sein können und Wirklich-Sein", beruht. Daran schließt sich noch ein drittes Relatives an, die Beziehung des Maßes (μέτρον) zum Gemessenen (μετρητόν), der Wahrnehmung zum Wahrgenommenen. Man ist gewohnt, den zweiten Gegensatz für spezifisch aristotelisch zu halten; für die Ausbildung dieses Gegensatzes mag es zutreffen. Da andererseits hier das πρός τι καθ' ἀριθμόν, das der Zahl nach Bezügliche, soweit wie möglich gefaßt ist und „Zahl" alle Bedeutungen des Einen, des ἕν in sich schließt, so kann man in diesem Teile der Erörterung von vornherein den Ausdruck platonischer Anschauungen vermuten[8]), deshalb dürfen wir uns hier auf die erste Klasse des „Relativen" beschränken.

(Ich bitte im folgenden die Härte des deutschen Ausdrucks zu entschuldigen; ich wollte so genau wie möglich sein, und die Eigentümlichkeit der griechischen Sprache, schlechthin jeden Ausdruck substantivieren zu können, möglichst getreu wiedergeben.)

Met. 1020 b, 26:

Πρός τι λέγεται τὰ μὲν ὡς διπλάσιον πρὸς ἥμισυ καὶ τριπλάσιον πρὸς τριτημόριον, καὶ ὅλως πολλαπλάσιον πρὸς πολλοστημόριον καὶ ὑπερέχον πρὸς ὑπερεχόμενον . . . .

„Im Verhältnis zu" wird erstens das Doppelte zu seiner Hälfte und das Dreifache zu seinem Drittel genannt, und allgemein ein Vielfaches zum entsprechenden Teil und ein Übertreffendes zum Übertroffenen" . . . (Es folgen die eben erwähnten beiden andern Klassen, dann wird die uns hier allein interessierende Klasse weiter erläutert, Zeile 32—1021 a, 11):

λέγεται δὲ τὰ μὲν πρῶτα κατ' ἀριθμόν, ἢ ἁπλῶς ἢ ὡρισμένως, πρὸς αὑτοὺς ἢ πρὸς ἕν, οἷον τὸ μὲν διπλάσιον πρὸς ἓν ἀριθμὸς ὡρισμένος, τὸ δὲ πολλαπλάσιον κατ' ἀριθμὸν πρὸς ἕν, οὐχ ὡρισμένον δέ, οἷον τόνδε ἢ τόνδε. τὸ δὲ ἡμιόλιον πρὸς τὸ ὑφημιόλιον κατ' ἀριθμὸν πρὸς ἀριθμὸν ὡρισμένον· τὸ ἐπιμόριον πρὸς τὸ ὑπεπιμόριον κατὰ ἀόριστον, ὥσπερ τὸ πολλαπλάσιον πρὸς

Die ersten Arten des „im Verhältnis zu" sind zahlenmäßige Beziehungen (πρός τι κατ' ἀριθμόν), entweder schlechthin (einfach, ἁπλῶς) oder in bestimmter Weise (ὡρισμένως), und zwar nach der Beziehung zu ihnen (den Zahlen) oder in Beziehung auf das Eins (πρὸς ἕν); z. B. ist das Doppelte eine bestimmte Zahl, und zwar aufs Eins hin bestimmt als 2 im Verhältnis zu 1, das Vielfache dagegen ist

---

[8]) Später scheint Aristoteles ganz anderer Ansicht gewesen zu sein; vgl. die oben bereits zitierte Stelle J 1057 a 6, 7; J 6 enthält eine ganz andere Darstellung der in Δ 15 verhandelten Probleme. Dies legt den Schluß nahe, daß die ganze Bedeutungsforschung des Buches Δ ursprünglich in die Zeit gehört, in der Aristoteles noch mit Speusipp und dessen ὅμοια-Forschungen und διαίρεσις ὀνομάτων zusammenging. Bei den notorischen Beziehungen der aristotelischen Topik zu Speusipp ist der ausdrückliche Hinweis von Top. I 18 auf die im Δ behandelte Aufgabe wichtig.

τὸ ἕν. τὸ δ' ὑπερέχον πρὸς τὸ ὑπερεχόμενον ὅλως ἀόριστον κατ' ἀριθμόν· ὁ γὰρ ἀριθμὸς σύμμετρος, κατὰ μὴ σύμμετρον δὲ ἀριθμὸν λέγεται· τὸ γὰρ ὑπερέχον πρὸς τὸ ὑπερεχόμενον τοσοῦτόν τέ ἐστι καὶ ἔτι· τοῦτο δ' ἀόριστον· ὁπότερον γὰρ ἔτυχεν ἐστίν, ἢ ἴσον ἢ οὐκ ἴσον. (Zur Textgestaltung siehe unten.)

zwar auch nach dem Eins hin orientiert, aber nicht gemäß einer bestimmten Zahl, etwa dieser oder jener [$n \cdot 1$, sagt Ross]. Das $1\frac{1}{2}$fache zum darunterliegenden Ganzen ist gemäß der Zahl nach einer bestimmten Zahl orientiert [nicht nach 1, sondern nach 2]: das „Teil darüber" im Verhältnis zum „Teil darunter" [offenbar das Allgemeine zu dem Verhältnis 3 zu 2, also in unserer Schreibweise $n + 1$ zu n] ist gemäß einer unbestimmten Zahl auf eine Zahl hin orientiert, genau so wie das „Vielfache" zum Eins. Dagegen das bloß Übertreffende zum Übertroffenen ist zahlenmäßig vollständig unbestimmt. Denn die Zahl ist [an sich] meßbar, die Aussage findet hier aber im Sinne einer Zahl statt, über deren Meßbarkeit nichts gesagt ist, denn das Übertreffende ist im Verhältnis zum Übertroffenen so viel und noch (etwas dazu). Dieses aber ist ein Unbestimmtes; denn wie es eben trifft, ist es [das Überschießende], gleich oder ungleich. Alle diese Arten des Verhältnisses werden gemäß der Zahl und nach Zuständlichkeiten der Zahl ausgesagt, und außerdem noch das Gleiche, das Ähnliche und das Selbige auf andere Weise (s. o. S. 40). Denn gemäß dem Eins wird das alles gesagt, dasselbe ist das, dessen Wesen eins ist, ähnlich das, dessen Qualität eine ist, gleich das, dessen Quantität eine ist; das Eins ist aber Prinzip der Zahl, so daß alle diese Arten des „im Verhältnis zu" zahlenmäßig sind, aber nicht auf dieselbe Weise.

ταῦτά τ' οὖν τὰ πρός τι πάντα κατ' ἀριθμὸν λέγεται καὶ ἀριθμοῦ πάθη, καὶ ἔτι τὸ ἴσον καὶ ὅμοιον καὶ ταὐτὸ κατ' ἄλλον τρόπον. κατὰ γὰρ τὸ ἓν λέγεται πάντα, ταὐτὰ μὲν γὰρ, ὧν μία ἡ οὐσία, ὅμοια δ' ὧν ἡ ποιότης μία, ἴσα δὲ ὧν τὸ ποσὸν ἕν· τὸ δ' ἓν τοῦ ἀριθμοῦ ἀρχὴ καὶ μέτρον, ὥστε ταῦτα πάντα πρός τι λέγεται κατ' ἀριθμὸν μέν, οὐ τὸν αὐτὸν δὲ τρόπον.

Unsere Aristoteles-Stelle ist deshalb so wichtig, weil sie einmal sachlich-eindeutig den Begriff des Unbegrenzten, des ἀόριστον vor unseren

Augen gebraucht, nicht wie sonst uns den formelhaften Begriff der „unbegrenzten Zweiheit“, *ἀόριστος δυάς*, fertig entgegenträgt in der uns so peinlichen Haltung, die ich so umschreiben möchte: „Die bekannte, platonische unbegrenzte Zweiheit, über die wir seit Jahren in der Akademie uns die Köpfe zerbrechen, über die wir alle gehört und geschrieben haben — mit der ich aber nun nichts mehr anfangen kann und will, und die mir längst ein Stück einer höchst widerspruchsvollen Theorie geworden ist!“

Hier ist es klar, in welchem Sinne begrenzt und unbegrenzt, *ὡρισμένος* und *ἀόριστος* gebraucht wird. Dieser Gebrauch ergibt sich aus der Reihe, die vom Verhältnis 2 : 1 bzw. 3 : 2 und dessen allgemeinerer Form, dem ganzzahligen Verhältnis bis zu dem *ὅλως ἀόριστον* dem „ganz unbestimmten“ Verhältnis des Übertreffenden zum Übertroffenen hin sich erstreckt. Wir sehen wieder das Prinzip angewandt, das uns im Kapitel 6 vom „Eins der Zahl nach“ zum „Eins durch Analogia“ führte, nur daß im Bereich der mathematischen Prinzipien die Reihe sich genau fortsetzt in einer Ordnung der Möglichkeiten des Eins durch Analogia. Analogia ist die „Gleichheit der Verhältnisse“, der Logoi: also muß, um den Begriff der Analogia in seinen möglichen Formen zu gliedern, der Logosbegriff — hier als das „im Verhältnis zu“, als das *πρός τι* auftretend — entwickelt und seine verschiedenen Formen in bestimmter Weise angeordnet werden. Wieder treffen wir das Prinzip der in der einen Richtung „nicht mit aufgehobenen“ Begriffe. Mit der Aufhebung des einen bestimmten Verhältnisses — z. B. von 2 : 1 — ist das des Vielfachen zum Eins noch nicht aufgehoben — aber umgekehrt; mit Aufhebung dieses Vielfachen ist wieder das letzte und allgemeinste Verhältnis irgend zweier quantitativ voneinander verschiedenen Dinge, also eines Übertreffenden zum Übertroffenen, des *ὑπερέχον* zum *ὑπερεχόμενον* noch nicht aufgehoben, und so bleibt dieses „Unbegrenzte“ (*ἀ ό ρ ι σ τ ο ν*) als „Erstes“ und „Urelement“, *π ρ ῶ τ ο ν* und *σ τ ο ι χ ε ῖ ο ν* übrig. Das bestätigt wörtlich so Alexander p. 56, 24—26 im Bericht über den Inhalt von *περὶ τἀγαθοῦ*; genau so, wie er oben das entsprechende Anordnungsprinzip von Monade, Punkt, Linie, Fläche, Körper bestätigt hatte:

<table>
<tr><td>

τὸ μὲν γὰρ διπλάσιον καὶ τὸ ἥμισυ ὑπερέχον τε καὶ ὑπερεχόμενον, οὐκέτι δὲ τὸ ὑπερέχον τε καὶ ὑπερεχόμενον διπλάσιον καὶ ἥμισυ. ὥστε ταῦτα τοῦ διπλασίου εἶναι στοιχεῖα.

</td><td>

Denn das Zweifache und dessen Hälfte sind ein Übertreffendes und Übertroffenes, aber das Übertreffende und das Übertroffene sind nicht mehr ein Zweifaches und dessen Hälfte. Deshalb sind diese (das Übertreffende und Übertroffene) Elemente des Zweifachen.

</td></tr>
</table>

Daß Plato diesen Begriff der ersten Prinzipien hat, bezeugt Aristoteles Met. *Δ* 11, 1019 a, 1:

<table>
<tr>
<td>

τὰ μὲν δὴ οὕτω λέγεται πρότερα
καὶ ὕστερα, τὰ δὲ κατὰ φύσιν καὶ
οὐσίαν, ὅσα ἐνδέχεται εἶναι ἄνευ
ἄλλων, ἐκεῖνα δὲ ἄνευ ἐκείνων μή.
ᾗ διαιρέσει ἐχρήσατο Πλά-
των.

</td>
<td>

Einerseits gebraucht man „Früheres
und Späteres" [d. h. Vorangehendes
und Folgendes] in diesem Sinne, dann
der Erzeugung und der Wesen-
heit nach, für das, was ohne
anderes sein kann, dieses aber
nicht ohne jenes. Diese Unter-
scheidung gebrauchte Plato.

</td>
</tr>
</table>

Dazu Alexander p. 387, 6 mit dem Terminus τὰ συναναιροῦντα μὲν, μὴ συναναιρούμενα δέ.

Daß wir hier eine authentische aristotelische Erklärung des der „Unbestimmten Zweiheit" zugrunde liegenden Sachverhalts haben, kann kaum zweifelhaft sein. Wie an der früheren Aristotelesstelle (s. o. S. 47) das scheinbar vagste und allgemeinste „Eins", das Eins durch Analogia, einen prinzipiellen Vorrang gewann vor den anderen Arten, so ist auch gerade dieses unbestimmteste Verhältnis zwischen zwei Größen das wichtigste Prinzip neben der „Einheit" selbst. Gerade bei den höchsten und verwickeltsten Fragen der platonischen Ontologie sollte sich die Analogie, das Verhältnis zwischen den Gedanken, zu einem Werkzeug der Erkenntniserweiterung entwickeln (vgl. Speusipp. 1645). Genau so zeigt dieser scheinbar vage und unbestimmte Verhältnisbegriff der „unbestimmten Zweiheit" gerade dort seine Bedeutung, wo die meßbare Bestimmtheit nicht ohne weiteres mit den Mitteln des zahlenmäßigen Logos bewältigt wird.

IV.

Jeder Leser des Euklid wird bei dem zuletzt Entwickelten bereits an die ersten 4 Definitionen des V. Buches des Euklid gedacht haben. Die ersten beiden lauten:

<table>
<tr>
<td>

α'. Μέρος ἐστὶ μέγεθος μεγέθους
τὸ ἔλασσον τοῦ μείζονος, ὅταν
καταμετρῇ τὸ μεῖζον.

</td>
<td>

1. Teil ist eine Größe, wenn sie
kleiner als eine größere die grö-
ßere mißt.

</td>
</tr>
<tr>
<td>

β'. Πολλαπλάσιον δὲ τὸ μεῖζον τοῦ
ἐλάττονος, ὅταν καταμετρῆται
ὑπὸ τοῦ ἐλάττονος.

</td>
<td>

2. Vielfaches der kleineren ist die
größere Größe, wenn sie von der
kleineren gemessen wird.

</td>
</tr>
</table>

Diese Definitionen entsprechen dem Sinn des Vielfachen (πολλαπλάσιον) und des Maßes (μέτρον) bei Aristoteles. Sie zeigen, warum die gesonderte Betrachtung der „Verhältnisse zum Eins" nötig war. Das Messen einer Größe oder Zahl durch eine andere als Maßeinheit angenommene ist eben der Hintergrund, auf dem sich ein neuer wichtigerer Logosbegriff erst in seiner ganzen Klarheit darstellen läßt. Die anderen ganzzahligen Verhältnisse, die nicht auf die Maßeinheit unmittelbar bezogen sind, können leicht mittelbar auf jene zurückgeführt werden. Denn in jeder von zwei Größen, die sich wie zwei ganze Zahlen verhalten, und in diesen selbst ist ja das gemeinsame Maß vorausgesetzt. Wichtiger ist dieser neue Logosbegriff deshalb, weil er für die mathematische Bewältigung gerade derjenigen Probleme nötig wird, die sich der „symmetrischen", kommensurablen Zahl entziehen. Dieser andere Logos fragt zunächst nur nach dem Größer oder Kleiner, nach dem ὑπερέχον und ὑπερεχόμενον. Durch den Einsatz dieses Logos, dieses Verhältnisses gelangt Euklid methodisch durch indirekte Beweise zur Feststellung des „Gleichen", des ἴσον, das zwischen jenen beiden Möglichkeiten — die im besonderen Fall als Unmöglichkeiten erwiesen werden — liegt. Die Fassung der 4. Definition Euklids bringt den bei Aristoteles vorliegenden Sachverhalt zum einfachen Ausdruck:

δ΄. Λόγον ἔχειν πρὸς ἄλληλα μεγέθη λέγεται, ἃ δύναται π ο λ - λ α π λ α σ ι α ζ ό μ ε ν α ἀλλήλων ὑ π ε ρ έ χ ε ι ν.

4. Man sagt: Größen haben ein Verhältnis zueinander, wenn sie vervielfältigt einander übertreffen können.

Daß in der spätplatonischen Philosophie der Unterschied, den Euklid durchführt, zwischen Größen, μεγέθη, und Zahlen, ἀριθμοί, überbrückt wird, daß jeder Logos auf das ἕν als auf eine Zahl allgemeinerer Art, bezogen wurde, zeigt unsere Aristotelesstelle und zeigt das ἕν-Kapitel. Euklid trennt die Zahlenlehre von der allgemeinen Größenlehre und ihren Verhältnissen. Immerhin lohnt es sich, die Definitionen 3 und 4 des VII. arithmetischen Euklidbuches unmittelbar neben unsere Aristotelesstellen zu setzen:

γ΄. Μέρος ἐστὶν ἀριθμὸς ἀριθμοῦ ὁ ἐλάσσων τοῦ μείζονος, ὅταν καταμετρῇ τὸν μείζονα.

3. Teil ist eine Zahl, wenn sie kleiner als eine größere die größere mißt.

δ΄. Μέρη δέ, ὅταν μὴ καταμετρῇ.

4. Teile jedoch, wenn sie sie nicht mißt.

Wir können auch aus unserem Aristoteleskapitel die Definition der μέρη, der „Teile", im Unterschied vom μέρος, dem Teil, herauslesen. Im Verhältnis von 3 zu 2 ist die kleinere Zahl 2 μέρη, während bei 3 zu 1 oder 6 zu 2 die kleinere Zahl natürlich als μέρος bezeichnet wird.

Die spätere Theorie unterscheidet noch das ἐπιμερές vom ἐπιμόριον, Nicom. introd. arith. 49, 1 (Hoche).

ἐπιμόριος δέ ἐστιν ἀριθμός, τὸ τοῦ μείζονος δεύτερον τῇ φύσει εἶδος καὶ τῇ τάξει, ὁ ἔχων ἐν ἑαυτῷ τὸν συγκρινόμενον ὅλον καὶ μόριον αὐτοῦ ἕν τι.
55, 13: ἔστι δὲ ἐπιμερὴς μὲν σχέσις, ὅταν ἀριθμὸς τὸν συγκρινόμενον ἔχῃ ἐν ἑαυτῷ ὅλον καὶ προσέτι μέρη αὐτοῦ πλεί-

Das Epimorion ist eine Zahl, die der Erzeugung und Ordnung nach die 2. Art des Größeren ist, indem sie das verglichene Ganze und einen Teil von ihm in sich enthält. Das Epimeres ist ein Verhältnis, bei dem eine Zahl in sich das verglichene Ganze enthält und dazu noch mehr als einen Teil von

ονα ἑνός· τὸ δὲ πλείονα ἑνὸς ἄρχεται πάλιν ἀπὸ τοῦ β καὶ πρόεισιν ἐπὶ πάντας τοὺς ἐφεξῆς ἀριθμούς.

ihm. Das „mehr als eins" beginnt mit dem Zwei und schreitet fort zu allen Zahlen der Reihe nach.

Ferner fügt er noch zwei Verbindungen des *πολλαπλάσιον* mit dem *ἐπιμόριον* und *ἐπιμερές* hinzu, das *πολλαπλασιεπιμόριον* (p. 59, 7) und das *πολλαπλασιεπιμερές* (63, 35).

Vielleicht ist es nicht uninteressant, die Einführungsworte der Logoslehre des Nikomachos nun, wo der Aristotelestext aus sich interpretiert ist, zur nachträglichen Bestätigung zu vergleichen:

Προτετεχνολογημένου δὲ ἡμῖν περὶ τοῦ καθ' αὑτὸ ποσοῦ νῦν μετερχόμεθα καὶ ἐπὶ τὸ πρός τι. τοῦ πρός τι τοίννν ποσοῦ δύο αἱ ἀνωτάτω γενικαὶ διαιρέσεις εἰσίν, ἰσότης καὶ ἀνισότης· πᾶν γὰρ ἐν συγκρίσει πρὸς ἕτερον θεωρούμενον ἤτοι ἴσον ὑπάρχει ἢ ἄνισον, τρίτον δὲ παρὰ ταῦτα οὐδέν.

p. 44, 8—13. Nachdem wir das Wieviel an und für sich betrachtet haben, gehen wir nun zum „im Verhältnis zu" über. Das verhältnismäßige Wieviel wird in 2 oberste Arten geteilt, Gleichheit und Ungleichheit. Denn ein jedes im Unterschied zu einem andern Angesehene ist entweder gleich oder ungleich, ein drittes neben diesen gibt es nicht.

Die Anwendung von *πρός τι*, die auch für die platonische Lehrschrift bezeugte Wichtigkeit der *ἰσότης* und *ἀνισότης* seien besonders hervorgehoben. Die weiteren Überlegungen über die Gründe, die Eins und Gleiches zusammenzustellen veranlassen können, sind lehrreich auch für Plato: 44, 20—45, 15:

ἔστι δὲ καὶ ἰδίως ἡ σχέσις αὕτη [ἡ τῆς ἰσότητος] ἄσχιστος καθ' ἑαυτὴν καὶ ἀδιαίρετος, ὡς ἂν ἀρχικωτάτη, διαφορὰν γὰρ οὐδεμίαν ἐνδέχεται· οὐ γάρ ἐστι τοῦ ἴσου τὸ μὲν τοιόνδε, τὸ δὲ τοιόνδε, ἀλλ' ἑνὶ τρόπῳ καὶ τῷ αὐτῷ τὸ ἴσον ἐστίν. ἀμέλει καὶ τὸ ἀνθυπακοῦον τῷ ἴσῳ οὐχ ἑτερωνυμεῖ πρὸς αὐτό, ἀλλὰ συνωνυμεῖ, ὥσπερ φίλος, γείτων, συστρατιώτης, οὕτω δὲ καὶ ἴσος. ἴσῳ γάρ ἐστιν ἴσος· τὸ δὲ ἄνισον καὶ αὐτὸ καθ' ὑποδιαίρεσιν διχῇ σχίζεται καὶ ἔστιν αὐτοῦ τὸ μὲν μεῖζον, τὸ δὲ ἔλαττον, ἀντωνυμούμενά τε καὶ ἀντίθετα ἀλλήλοις κατὰ ποσότητα καὶ σχέσιν αὐτῶν. τὸ μὲν γὰρ μεῖζον ἑτέρου τινὸς μεῖζον, τὸ δὲ ἔλαττον ἔμπαλιν ἑτέρου τινὸς ἔλαττον ἐν συγκρίσει καὶ τὰ ὀνόματα οὐ τὰ αὐτά, ἀλλὰ διαφέροντα ἔχει ἑκάτερα, ὡς πατὴρ καὶ υἱὸς καὶ τύπτων καὶ τυπτόμενος καὶ διδάσκων καὶ μανθάνων καὶ τὰ ὅμοια.

Das Verhältnis (der Gleichheit) ist auch im eigentlichen Sinne ungespalten an sich und unteilbar, als ein erstes und primäres, denn es nimmt auch keinen Artunterschied an. Denn von dem Gleichen ist nicht eins so beschaffen, das andere so, sondern auf eine und dieselbe Art ist das Gleiche. So hat auch das dem Gleichen entsprechende keinen andern, sondern denselben Namen, wie Freund, Nachbar, Kamerad, und ebenso das Gleiche selbst; denn Gleichem ist es gleich. Das Ungleiche aber an sich trägt in sich bereits eine zweifache Unterteilung, und das eine von ihm ist größer, das andere kleiner, mit entgegengesetzten Namen und einander entgegengesetzt nach Quantität und Verhältnis. Denn das Größere ist größer als etwas anderes, das kleinere kleiner als etwas anderes im Vergleich, und die Namen sind nicht dieselben, sondern jegliches hat verschiedene, wie Vater und Sohn und schlagend und geschlagen, lehrend und lernend und ähnliches.

Wir kehren zu unserer Hauptaufgabe, der Fixierung der „Unbestimmtheit" des zweiten Platonischen Urprinzips zurück und können nun negativ den Unterschied des Verhältnisses des Übertreffenden zum Übertroffenen (*ὑπερέχον* zum *ὑπερεχόμενον*) von allen andern Verhältnissen so charakterisieren: wenn ein Größeres weder ein Vielfaches eines Kleineren ist noch das Kleinere Teil oder „Teile", *μέρος* oder *μέρη* des

Größeren, wenn auch durch Vervielfältigung der kleineren der Unterschied zwischen der vervielfältigten und der ersten Größe nicht Teil oder „Teile" wird, wenn also kein gegenseitiges Messen der Größen durch ein gemeinsames Maß statthat, dann heißt dies ein „ganz unbestimmt der Zahl nach" (ὅλως ἀόριστον κατ' ἀριϑμόν) Übertreffendes und Übertroffenes. Diese Unbestimmtheit des Logos ist auch in der Definition 3 des Euklid V ausgedrückt:

Λόγος ἐστὶ δύο μεγεϑῶν ὁμογενῶν 3. Logos ist irgendein „sich Ver-
ἡ κατὰ πηλικότητά ποια σχέσις.   halten" zweier homogener Grö-
              ßen zueinander nach ihrer Größe.

ποιὰ σχέσις: σχέσις ist einfach das Verbalsubstantivum zum ἔχειν πρός τι, sich zueinander verhalten. Der Sinn der πηλικότης ist durch eine glänzende Beobachtung von Toeplitz sichergestellt: schon im Menon Platos ist πηλίκος der allgemeinere Ausdruck, der kommensurable und inkommensurable Größenverhältnisse bezeichnet, während ποσός auf die ersteren beschränkt ist.

Derselbe Sachverhalt liegt dem vielumstrittenen Satze des Aristoteles an unserer Stelle 1021 a, 5 zugrunde, der sich an die bis jetzt erörterten Sätze unseres Kapitels Δ 15 anschließt. Zu der Form, die in der neuesten Ausgabe, bei Ross, gelesen wird, gibt nur eine Handschrift Anlaß; Bonitz, Bekker und Christ haben nach der Mehrzahl der Handschriften und vor allem mit Alexander und Asklepios ganz anders gelesen und kommentiert. Es ist sehr begreiflich, daß Ross vor den Folgerungen, die sich aus dieser so gut bezeugten Fassung ergeben, zurückgescheut ist; denn an dieser Stelle ist unzweideutig von einer Erweiterung des Zahlenbegriffs über die kommensurablen Zahlen hinaus die Rede, denn dies liegt doch unzweifelhaft in der Bezeichnung: μὴ σύμμετρος ἀριϑμός. Ich glaube, diese für die Geschichte der griechischen Mathematik gewiß belangvolle Möglichkeit muß mindestens zur Erörterung gestellt und darf nicht durch eine Reihe von Änderungen einfach unsichtbar gemacht werden. An einer Stelle von so erheblicher Wichtigkeit wird auch der sachlich interessierte Leser die textkritischen Erwägungen nicht für überflüssig halten dürfen. Nachdem Aristoteles das Verhältnis des Übertreffenden zum Übertroffenen als „gänzlich unbestimmt im Sinne der Zahl" bezeichnet hat, fährt er fort:

ὁ γὰρ ἀριϑμὸς σύμμετρος, κατὰ μὴ Denn die Zahl ist kommensurabel,
σύμμετρον δὲ ἀριϑμὸν λέγεται· τὸ aber im Sinne einer Zahl, über deren
γὰρ ὑπερέχον πρὸς τὸ ὑπερεχόμε- Meßbarkeit nichts gesagt ist, findet
νον τοσοῦτον τέ ἐστι καὶ ἔτι· τοῦτο die Aussage statt, denn das Verhält-
δ' ἀόριστον· ὁπότερον γὰρ ἔτυχεν nis des Übertreffenden zum Übertrof-
ἐστιν, ἢ ἴσον ἢ οὐκ ἴσον.   fenen ist soviel und noch < etwas >;
              dies aber ist unbegrenzt, denn es ist,
              wie es trifft, gleich oder ungleich.

Lassen wir die ersten Worte zunächst unerörtert.

Die sprachlich merkwürdigen Worte „soviel und noch" τοσοῦτον καὶ ἔτι enthalten den einfachen Sinn: das Übertreffende ist zunächst „so viel" wie das Kleinere, und dann noch etwas; der verkürzte Ausdruck könnte mathematische Formelsprache sein, falls nicht ein Ausfall von τι hinter ἔτι anzunehmen ist; er ist sozusagen bewußtes Anakoluth: „und noch …", das soll auch im Ausdruck so unbestimmt, ἀόριστον wie möglich sein; wenn es die Möglichkeiten des „Gleichen oder Ungleichen", ἴσον oder ἄνισον, nach Aristoteles in sich enthält, so müssen wir an das Schema der „nicht mitaufgehobenen" ersten Prinzipien denken, oder hier positiv an das Umfassen der speziellen Möglichkeiten im Allgemeinsten; im Falle des Zweifachen ist das Übertreffende dem Übertroffenen gleich, ἴσον. Daß „Unbestimmt", ἀόριστον so verstanden werden soll, daß auch die bestimmteren Arten von Verhältnissen möglich bleiben, scheint aus dem Richtungssinn der Reihe dieser Bestimmtheitsunterschiede hervorzugehen. Deshalb muß der letzten Fassung die strengste Allgemeinheit erhalten bleiben, und kein Fall darf ausgeschlossen sein; das gerade macht ja diesen „unbestimmten" (ἀόριστος) Logos zum „Urelement" (στοιχεῖον) und „Ersten" (πρῶτον). Gibt man dies aber zu, so ist in der Tat in dem λόγος ὅλως ἀόριστος auch das zahlenmäßige Verhältnis mitgemeint. Also darf man den Zusatz κατ' ἀριθμόν im vorhergehenden Satze nicht einfach negativ als Ausschließung aller zahlenmäßigen Bestimmtheit verstehen (so faßt Ross die ganze Stelle auf: „ganz unbestimmt der Zahl nach; denn die Zahl ist kommensurabel, von etwas nicht Kommensurablen wird Zahl (oder werden Zahlen) nicht ausgesagt", eine Lesung, die noch die Umänderung von „denn" in „aber" vor ὑπερέχον zur Folge hatte. Dieser Auffassung widerspricht außer der Vulgata und den Kommentatoren die ausdrückliche Zusammenfassung des Aristoteles: „alle diese Arten des „im Verhältnis zu" werden gemäß der Zahl und gemäß Zuständlichkeiten der Zahl ausgesagt". Es ergibt sich demnach aus dem ganzen Zusammenhange unzweideutig folgendes: im Sinne der Zahl liegt eine völlige Unbestimmtheit vor; denn die Zahl ist an sich meßbar, aber hier soll über das Verhältnis des Größer und Kleiner hinsichtlich seiner Meßbarkeit nichts ausgemacht sein; die Frage soll offen bleiben, ob der Überschuß (das „und noch"!) dem Übertroffenen oder seiner Maßeinheit gleich oder ungleich ist. Damit ist die Aussage in der Tat von einem Verhältnis, einem Logos gemacht, der nicht gut mit einer σύμμετρος ἀριθμός bezeichnet werden kann, aber doch zwischen Zahlen in deren Reihe liegen muß.

Die besondere Funktion dieses allgemeinsten Logos ἀόριστος enthüllt sich in den Fällen, in denen sein ihm eigentümlicher „erster Bestimmtheits- bzw. Unbestimmtheits- und Freiheitsgrad gewahrt bleiben muß, also in allen den Anwendungen, die Euklid im V. Buche von der Verbindung der zahlenmäßigen und dieser „unbestimmten" Relation „größer als", „kleiner als" zur Bewältigung derjenigen Probleme macht, die dem Zugriff der σύμμετρος ἀριϑμός, der kommensurablen Zahl zunächst entzogen sind. In dem „unbestimmten" Überschießen (ὑπερέχειν), sei es des Größeren über das Kleinere oder des vervielfachten Kleineren über das Größere (diesen Fall hat Eukl. V def. 4 im Auge) liegt demnach die eigentliche mathematische Bedeutung der ἀόριστος δυάς, der unbestimmten Zweiheit des Groß-Kleinen, des Übertreffenden und Übertroffenen.[9]) Auch in dem entscheidenden Prinzip der „Exhaustion", wie es in Euklids 1. Satz des 10. Buches vorliegt, findet eine Kombination des πολλαπλάσιον bzw. διπλάσιον und des ὑπερέχον, also unserer Grundelemente statt:

<table>
<tr><td>

Δύο μεγεϑῶν ἀνίσων ἐκκειμένων,
ἐὰν ἀπὸ τοῦ μείζονος ἀφαιρεϑῇ
μεῖζον ἢ τὸ ἥμισυ καὶ τοῦ κατα-
λειπομένου μεῖζον ἢ τὸ ἥμισυ, καὶ
τοῦτο ἀεὶ γίγνηται, λειφϑήσεταί τι
μέγεϑος, ὃ ἔσται ἔλασσον τοῦ ἐκ-
κειμένου ἐλάσσονος μεγέϑους.

</td><td>

Wenn zwei ungleiche Größen gegeben sind, und von der größeren mehr als die Hälfte weggenommen und von dem Rest wieder mehr als die Hälfte weggenommen wird, und dies immer weiter geschieht, so wird eine Größe übrig bleiben, die kleiner ist als die kleinere der beiden gegebenen.

</td></tr>
</table>

Unsere Stelle: „so viel und noch etwas" fügt sich glatt einem fortschreitenden Verfahren ein. Es scheint allerdings, daß grade diese mathematisch interessanteste Anwendungsmöglichkeit der platonischen Prinzipien in unserer späteren philosophischen Überlieferung immer geringere Spuren hinterlassen hat, und daß etwa die „Erzeugung der Zahlen" (s. u.) eine größere Wichtigkeit bekam, als sie für Plato gehabt haben kann.

Taylors wichtige Forschungen haben, wie aus Toeplitz' Aufsatz hervorgeht, die eigentliche Absicht der platonischen Prinzipienlehre in der Erzeugung der irrationalen und natürlichen Zahlen gleichermaßen sehen wollen. Während des Druckes geht mir durch die Güte des Verfassers die Abhandlung von A. W. Thompson, Excess and Defect: or the little more and the little less. Mind. Vol. XXXVIII N. S. No. 149, zu, in der sogar lediglich die Ableitung der irrationalen Zahlen als der eigentliche Zweck der Prinzipien des ἕν und der ἀόριστος δυάς erscheint. Ich komme in der vorliegenden Abhandlung dieser Meinung scheinbar entgegen, indem auch ich glaube, daß die platonischen Prinzipien der Bewältigung des Inkommensurabilitätsproblems

---

[9]) Ob von „größer oder kleiner" bei Größen oder bei deren Verhältnissen gesprochen wird, diese mathematisch gewiß sehr wesentliche Frage ist dann auf einen andern Boden gestellt, wenn das messende Eins auch als ἴσον, als Verhältnis aufgefaßt wird. Deshalb ist jedes ὑπερέχον seinem ὑπερεχόμενον gegenüber zunächst einmal einfach größer; es besteht aber ferner zugleich zwischen diesen beiden ein „größeres Verhältnis", gemessen an dem ἴσον bzw. ἕν(μονάς) als dem Verhältnis der Maßeinheit zu sich selbst; 3 Ellen sind größer als 2 Ellen, weil „3 zur Maßeinheit" ein „größerer Logos" als „2 zur Maßeinheit" ist.

dienen können und dienen sollen. Freilich scheint es mir weder die Hauptabsicht der griechischen Mathematik noch die Platos gewesen zu sein, Wurzeln auszurechnen und sogar noch durch ein die moderne Bruch- und Kettenbruchrechnung involvierendes Verfahren, sondern im Gegenteil derartige asymptotische Prozesse durch bestimmte Methoden — durch einen bewundernswerten Apparat indirekter und apagogischer Schlußweisen — überflüssig zu machen. Es mag vielleicht auf den ersten Blick einleuchten, wenn eine Prinzipienlehre, die für mich mit diffizilen logischen Theorien in Verbindung steht, auf ein greifbares Rechenverfahren zurückgeführt und die „Idealzahl" einfach als diejenige gar nicht existierende Zahl aufgefaßt wird, an die sich „unsere" Zahlen von zwei Seiten herandrängen, ohne sie erreichen zu können (Thompson S. 55); ich kann mich aber nicht davon überzeugen, daß eine so einfache Lösung ohne jede Spur in der Überlieferung der platonischen Prinzipienlehre geblieben sein könnte. Vor allem scheint mir bei näherem Zusehen diese Deutung der Zahlidee sich mit der gesamten Tendenz des Platonismus in neue Widersprüche zu verwickeln; in dieser Deutung haben πέρας und ἄπειρον gradezu die Rollen, die sie etwa im Philebos spielen, vertauscht.

V.

Daß der Logosbegriff als Begriff des „im Verhältnis zu", des πρός τι, für die Ideenfrage zentral ist, geht schon aus dem Bericht des Aristoteles über die Gründe, die zur Annahme der Ideen geführt haben, hervor (Met. A 9 990b, 15).

ἔτι δὲ οἱ ἀκριβέστεροι τῶν λόγων οἱ μὲν τῶν πρός τι ποιοῦσιν ἰδέας, ὧν οὔ φαμεν εἶναι καθ’ αὑτὸ γένος, οἱ δὲ τὸν τρίτον ἄνθρωπον λέγουσιν. ὅλως τε ἀναιροῦσιν οἱ περὶ τῶν εἰδῶν λόγοι ἃ μᾶλλον εἶναι βουλόμεθα τοῦ τὰς ἰδέας εἶναι. συμβαίνει γὰρ μὴ εἶναι τὴν δυάδα πρώτην ἀλλὰ τὸν ἀριθμόν, καὶ τὸ πρός τι τοῦ καθ’ αὑτό, καὶ πάνθ’ ὅσα τινὲς ἀκολουθήσαντες ταῖς περὶ τῶν ἰδεῶν δόξαις ἠναντιώθησαν ταῖς ἀρχαῖς.

Außerdem ergeben die genaueren von den Gründen für die Ideenlehre entweder Ideen für das „im Verhältnis zu", von denen wir (Platoniker) kein für sich bestehendes Genos annehmen, oder sie führen zum „dritten Menschen". Überhaupt aber heben die Sätze über die Ideenlehre das auf, wovon wir ein noch höheres Sein als von den Ideen annehmen. Es ergibt sich nämlich, daß nicht die Zweiheit das Erste ist, sondern die Zahl, und nicht das „im Verhältnis zu" eher als das „An und für sich", und alles das, worin einige im Verfolg der Lehrmeinungen über die Ideen in Widersprüche mit den Prinzipien gerieten.

Wenn man daran denkt, daß πρός τι Logos heißt, gewinnen diese Worte, zu denen Alexanders Auszüge aus Aristoteles Schrift über die Ideen treten müssen, einen neuen Sinn. Wir sehen, daß dieser Logosbegriff als πρός τι mit dem Anfangssinn des „An sich", des καθ’ αὑτό, der die früheren Dialoge Platos durchaus beherrschenden Formel der

Idee, in einen unheilbaren Zwiespalt[10]) geraten mußte, den aufzudecken und zu verschärfen offenbar allmählich das Bestreben des Aristoteles geworden ist — wobei er sich eher auf die Seite der früheren als auf die der späteren Fassung stellte (Zahl u. Gestalt p. 127).

Plato selbst freilich scheint die Einheit des früheren und des neuen Ideenbegriffs gerade an diesen mathematischen Prinzipien neu bewährt gesehen zu haben. Auf dem engsten Raume sah er in den Prinzipien des Eins und der unbestimmten Zweiheit alles zusammengedrängt, was die Idee je geleistet hatte; denn so wenig die unbestimmte Zweiheit Zahl ist, so wenig ist es das Eins; beide sind oberhalb der Zahl wie oberhalb des Begriffs und der räumlichen Größen, sonst wären sie keine Prinzipien. Deshalb ist gerade die sogenannte Erzeugung der Zahl etwas so Wichtiges — gerade aus des Aristoteles Spott geht hervor, welche Anstrengung die Akademie an dieses Problem gesetzt hat, Ar.Met. N 3 1091 a, 9. „Die Prinzipien des Großen und Kleinen schreien darüber, wie sie hin und her gezerrt werden. Denn sie können die Zahl nicht gebären außer der aus der Eins durch Verdoppelung entstehenden." Das methodische Prinzip des Abbaus von Bestimmungen, durch das Plato in der Schrift „Über das Gute" zu seinen Prinzipien gelangt, haben wir kennen gelernt. Es ist nun zu fragen, wie er sich die Entstehung der Zahlen aus diesem Prinzip gedacht haben mochte. Diese Entstehung der Zahlen wird nun natürlicherweise eine Umkehr des Weges jenes Abbaus sein; es wird der Weg der „Abstraktion", der „Aufstieg" zu den Prinzipien, durch einen „Abstieg" zu dem Gegenstande größerer Bestimmtheit in umgekehrter Richtung zurückgelegt werden müssen. Genauer, was einfache „Gegebenheit" zu sein scheint, wird aus diesen Prinzipien hergeleitet werden müssen, und hierbei wird sich die Kraft dieser Prinzipien allererst bewähren müssen. Und hier ist es sicher Plato als der höchste Triumph seiner Prinzipienlehre erschienen, daß er an der Erzeugung der mathematischen Zahl gerade die in dem Eins keimhaft liegende „eidetische", bestimmende Kraft — wir haben ihre Entfaltung bei Aristoteles breit entwickelt gefunden — beteiligt sah. Diese Funktion entfaltet das Eins in einer dreifachen Weise. Deren erste ist bereits an einer Stelle des „Staates" merkwürdig vorgebildet (vgl. Speusippos 1661). Staat VII 523 e werden einem unproblematischen Begriff wie „Finger" alle diejenigen gegenübergestellt, die für die Wahrnehmung mindestens zweideutig sind, z. B. groß und klein, die nach ihrer Zuordnung (also πρός τι!) bald groß und bald klein erscheinen (dasselbe Motiv des ὑπερέχειν bereits Phai-

---

¹⁰) An diesem Zwiespalt ändert nichts, daß in dem Verhältnis der Dinge zu sich selbst (cf. S. 49) das „Im Verhältnis zu" zum „an sich" wird; insofern auch das Eins als „Gleiches" ein Logos ist, wird das „an sich" wieder zum Maße des „im Verhältnis zu". Man vgl. die lehrreiche Diskussion des ἴσον und πρός τι Alexander 83, 25 H.

don 100 c, 102 b). Hier wird also die Überlegung, der „Logismos" zur Entscheidung aufgerufen, ob diese beiden „Meldungen der Sinne" wirklich zwei sind, ob groß und klein verschiedene Begriffe sind. Die Stelle ist für die Terminologie von Verschieden (ἕτερον) und „gesondert" (διωρισμένον) und dem Gegenteil so wichtig, daß sie wörtlich vorgeführt werden muß (Staat 524 b 2—c 11).

ἐν τοῖς τοιούτοις πρῶτον μὲν πειρᾶται λογισμόν τε καὶ νόησιν ψυχὴ παρακαλοῦσα ἐπισκοπεῖν εἴτε ἓν εἴτε δύο ἐστὶν ἕκαστα τῶν εἰσαγγελλομένων. . . . Οὐκοῦν ἐὰν δύο φαίνηται, ἕτερόν τε καὶ ἓν ἑκάτερον φαίνεται; . . Εἰ ἄρα ἓν ἑκάτερον, ἀμφότερα δὲ δύο, τά γε δύο κεχωρισμένα νοήσει. οὐ γὰρ ἂν ἀχώριστά γε δύο ἐνόει, ἀλλ᾽ ἕν. . . . Μέγα μὴν καὶ ὄψις καὶ σμικρὸν ἑώρα, φαμέν, ἀλλ᾽ οὐ κεχωρισμένον ἀλλὰ συγκεχυμένον τι. ἦ γάρ; . . . . Διὰ δὲ τὴν τούτου σαφήνειαν μέγα αὖ καὶ σμικρόν ἡ νόησις ἠναγκάσθη ἰδεῖν, οὐ συγκεχυμένα ἀλλὰ διωρισμένα, τοὐναντίον ἢ ᾽κείνη.

Also versucht bei derartigem die Seele, das Schließen und Denken herbeirufend, zu erforschen, ob jedes von dem Gemeldeten eins oder zwei ist ... Folglich, wenn es zwei zu sein scheint, scheint dann nicht ein jedes ein anderes und zugleich eins? ... (vgl. o. S. 39). Wenn also jegliches eins ist, beide aber zwei, so wird sie zwei gesonderte Dinge denken; denn ungetrennt würde sie sie nicht als zwei denken, sondern als eins. Das Gesicht sah also, so wollen wir sagen, das Große und Kleine, aber nicht gesondert, sondern als ein Vermischtes ... Wegen der Evidenz dieses Gegensatzes wurde wiederum das Denken genötigt, ein Großes und Kleines zu schauen, aber nicht vermischt, sondern gesondert, im Gegensatz zu jenem.

Diese Frage zu entscheiden, also begrifflich den Unterschied von groß und klein, d. h. von größer und kleiner[11]) festzustellen, ist die erste Leistung, die das Eins im Zusammenwirken mit dem andern Prinzip der Zweiheit zu vollziehen hat; ganz in diesem Sinne, sichtlich aus der Kenntnis von Platos Lehrschrift Alexander 54, 7:

Πλάτων δὲ δυάδα ἐποίει, τὸ ὑποκείμενον καὶ τὸ ἄπειρον λέγων,

Plato machte das, was die Pythagoreer das Unbegrenzte nannten, zu

---

[11]) Jeder Platoleser weiß, wie das absolut Große und das relativ Große bei Plato vom Phaidon an durcheinander zu laufen scheinen; in Wirklichkeit sucht Plato eine Schicht der Argumentation, für die dieser Unterschied noch nicht besteht, sondern die paarweise Zuordnung von Begriffen, wie diese Stelle zeigt; vgl. Kat. 5 b 13: Nichts ist dem ποσόν entgegengesetzt, wenn nicht jemand sagen wollte, das Viele sei dem Wenigen entgegengesetzt oder das Große dem Kleinen. Von diesen aber ist keins ein „so Großes", sondern nur ein „im Verhältnis zu". Denn nichts wird an sich als groß oder klein bezeichnet, sondern nur durch die Beziehung auf ein anderes. Vgl. das Kapitel 13 über das ποσόν in unserem Buche Δ.

καθὸ μὴ εἰδοποιεῖται καθ' αὑτό·
μέγα γὰρ καὶ μικρὸν καὶ ὑπεροχὴν
καὶ ἔλλειψιν· ἐν τούτοις γὰρ εἶναι
τὴν τοῦ ἀπείρου φύσιν, ἃ ἦν αὐτῷ
ἡ ὑλικὴ αἰτία. οὐ ταὐτὸν δὲ τῷ εἴδει τὸ μέγα τῷ μικρῷ, οὐδὲ ἡ ὑπερ-
οχὴ τῇ ἐλλείψει. ἐναντία γὰρ ὥστε
οὐχ ἕν.

einer Zweiheit, womit er das zugrundeliegende (sc. erste) und Unbegrenzte meinte, weil es von sich aus nach keinem Eidos bestimmt wird. Denn es sei groß und klein und Überschuß und Zurückbleiben; denn in diesen Dingen, die für ihn die stoffliche Ursache waren, läge die Natur des Unbegrenzten. Dem Eidos nach aber sei das Große nicht dasselbe wie das Kleine noch der Überschuß wie das Zurückbleiben. Denn sie sind Gegensätze, so daß sie nicht eins sind (ich verweise auf die ob. S. 56 zitierte Nikomachosstelle über ἄνισον.)

In der zweiten Wirkungsweise des Eins durchdringt sich bereits die begriffliche mit der arithmetischen Bestimmtheit. Während zuerst nur das Minimum an Bestimmtheit, die Unterschiedenheit, durch das Eins erzeugt wurde, soll der Logos des Übertreffens schlechthin nun durch weitere Einwirkung des Eins zu diesem bestimmten Übertreffen gestempelt werden. Oder um einfach Alexander aus der Schrift „vom Guten" zu zitieren (56, 20):

ὁρισθεῖσαν δὲ τῷ ἑνὶ τὴν ἀόριστον
δυάδα γίγνεσθαι τὴν ἐν τοῖς ἀριθμοῖς δυάδα. ἐν γὰρ τῷ εἴδει ἡ
δυὰς ἡ τοιαύτη. ἔτι πρῶτος μὲν
ἀριθμὸς ἡ δυάς. ταύτης δὲ ἀρχαὶ
τό τε ὑπερέχον τε καὶ ὑπερεχόμενον, ἐπεὶ ἐν μὲν τῇ δυάδι πρώτῃ
τὸ διπλάσιον καὶ ἥμισυ. τὸ μὲν γὰρ
διπλάσιον καὶ ἥμισυ ὑπερέχον καὶ
ὑπερεχόμενον, οὐκέτι δὲ τὸ ὑπερέχον τε καὶ ὑπερεχόμενον διπλάσιον καὶ ἥμισυ .... καὶ ἐπεὶ ὁρισ-
θέντα τὸ ὑπερέχον τε καὶ τὸ ὑπερεχόμενον διπλάσιον καὶ ἥμισυ γίγ-
νεται (οὐκέτι γὰρ ἀόριστα ταῦτα
ὥσπερ οὐδὲ τὸ τριπλάσιον καὶ τὸ
τρίτον ἢ τετραπλάσιον καὶ τέταρ-
τον ἢ τι τῶν ἄλλων τῶν ὁρισμένην
ἐχόντων τὴν ὑπεροχὴν ἤδη), τοῦτο
δὲ ἡ τοῦ ἑνὸς φύσις ποιεῖ ... εἴη

Begrenzt durch das Eins wird die unbegrenzte Zweiheit zur zahlenmäßigen Zweiheit. Eins dem Eidos nach ist nämlich eine solche Zweiheit. Außerdem ist die erste Zahl die 2, ihre Prinzipien aber sind das Übertreffende und das Übertroffene, da in der Zwei zuerst das Zweifache und seine Hälfte sich finden. Das Zweifache und die Hälfte sind nämlich zwar ein Übertreffendes und Übertroffenes, aber nicht umgekehrt (s. o.). ... Und da, begrenzt, das Übertreffende und das Übertroffene zum Zweifachen und Halben wird (denn diese sind nicht mehr unbegrenzt, wie auch nicht das Dreifache und das Drittel oder das Vierfache und das Viertel oder irgendeins von den andern, das schon einen begrenzten

ἂν στοιχεῖα τῆς δυάδος τῆς ἐν τοῖς ἀριθμοῖς τό τε ἓν καὶ τὸ μέγα καὶ τὸ μικρόν.

Überschuß hat), dies aber die Natur des Eins bewirkt ..., so wären die Prinzipien der zahlenmäßigen Zwei das Eins und das Große und das Kleine[12]).

An der Aristotelesstelle kommt zugleich mit dieser Wirkung der Einheitsfunktion, die wir die zweite nannten, die arithmetische Funktion der Eins zur Entfaltung. Und dies ist vielleicht der Hauptpunkt der ganzen Theorie, so weit sie eine Erzeugung der Zahlen zum Gegenstand hat: Nämlich in demselben Augenblick, in dem das Eins kraft seiner begrifflich-eidetischen Funktion diesen Logos, diese Zweiheit aus dem unbestimmten Logos des Übertreffenden und Übertroffenen zustande gebracht hat, erfährt es selbst eine neue Bestimmtheit: es wird Maß — dies war ja der Kernpunkt der aristotelischen Deduktion, von dem aus Aristoteles das Eins als Prinzip, als ἀρχή gelten lassen konnte — „freilich auf andere Weise" als in jener begrifflichen „eidopoetischen" Funktion, die er neben seinen Zahlcharakter stellt. Für Plato scheint die logische Gleichförmigkeit der beiden Prozesse das große Geheimnis des Eins gewesen zu sein: in der Tat ist es merkwürdig, wie an diesem Punkte die gegenseitige Beziehung beider Prinzipien aufeinander, des Eins und der unbestimmten Zweiheit, und ebenso das Zahlen- und Eidosmäßige sich als Wechselwirkung herausstellt. Der Logos ist eine Beziehung von mindestens zwei Dingen. Der platonische Dialog Parmenides hatte gezeigt, daß das Eins, sofern es als einziges Prinzip gedacht wird, sich selbst aufhebt, daß also neben das Eins ein zweites Prinzip, das eine wenn auch noch so unbestimmte Paarigkeit enthält, treten müsse. Das Wesen dieses Prinzips der „Zweiheit" wirkt nun wieder auf das Eins zurück und läßt dieses als eins zu eins, ἕν : ἕν, als „gleiches" (ἴσον), Selbiges oder Identisches (ταὐτόν) aufgefaßt werden. Damit, als „gleiches", wird das Eins erst fähig, wiederholt gesetzt zu werden, und damit wird es zugleich Maßeinheit des Zählens und mit sich identisch festgehaltenes Eidos, „Anfang" und Prinzip des Denkens. So ist also schlechterdings keine eidetische Bestimmtheit, d. h. kein „Eins- und nur dieses Eins-Werden" der Zweiheit denkbar als die, die nun das Eins zum Maß ihres Unterschiedes, ihres Übertreffens macht. Damit ist das Eins Zahl geworden, was es vorher so wenig war wie die unbestimmte „Zweiheit". Wir lösen nun von dieser Maßfunktion des Eins als eine neue dritte Wirkung des ἕν die Bildung der Zahlenreihe ab.

Auch hier brauchen wir nur die Linie jenes Abbaues weiter nach rückwärts aufbauend zu verfolgen und an die beiden Typen von Verhält-

---

[12]) Diese begriffliche Einheitsfunktion des Eins ist übrigens Alexander auch bei der Erläuterung von Aristoteles Δ 15 irrtümlich in die Feder gekommen.

nissen, λόγοι, zu denken, die bei Aristoteles dem Logos ἀόριστος, dem
unbestimmten Logos vorangingen: das Vielfache, d. h. das Verhältnis
zum Eins bzw. das Verhältnis irgendwie bestimmter Zahlen zueinander.
Diese beiden Typen sind in der Tat mit einem Schlage gegeben, sobald
jene geschilderte gegenseitige Einwirkung der Prinzipien aufeinander gedacht wird, sobald nämlich das Eins die unbestimmte Zweiheit zur bestimmten Zweiheit und diese nun das Eins zu ihrem Maß gemacht hat.
Denn diese neue Zweiheit kann sowohl als „Vielfaches" von 1, also als
(2 · 1) : 1 wie als (1 + 1) : 1 aufgefaßt werden — kurz, die Zahlenreihe, als Mannigfaltigkeit der Verhältnisse zur Einheit bzw. dieser Logoi untereinander
ist da. Hier kann nun die Toeplitzsche Auffassung der „typischen", d. h.
stempelnden Zahlenerzeugung sich zwanglos anfügen. Diese Logoi können
„erweitert" werden — sie müssen aber erst da sein, und das, womit sie
„erweitert" werden können, ebenfalls —, und diese Vorstufe ist aus den
Angaben des Aristoteles und der Kommentatoren zusammen nun einfach und zwingend, wie ich glaube, zu ergänzen.

Aber die Erzeugung der Zahlenreihe ist nur eins und kaum das Wichtigste, was diese Prinzipien im Sinne Platos leisten können. Wir müssen
nun noch einmal an den Ausgangspunkt, von dem aus wir die Zahlenreihe entstehen ließen, zurückkehren. Wie steht es nämlich mit Verhältnissen, die nicht auf solche von Zahlen sich zurückführen lassen? Hier
zeigt sich nun die ganze Wichtigkeit der Tatsache, daß der Sinn des
Eins nicht nur der einer metrischen, d. h. zahlenmäßig symmetrischen
Einheit, sondern ebensogut der einer allgemeinen Feststellung und Bestimmung war. Dadurch nämlich kann jedes Verhältnis von Größen
zueinander „festgestellt" und bestimmt werden. Mag es sich um den unbestimmten, aber für gewisse Aufgaben gerade notwendigen Logos des
Größer als — Kleiner als handeln, oder um Fälle inkommensurabler Beziehungen, wie sie Toeplitz S. 7 anführt, immer genügt die einfach bestimmende, „diesen Logos da" bezeichnende Kraft des Eins, um aus der
noch unbestimmten Zweiheit mathematischen Sinn herauszuholen.

Da wir in allen diesen Fällen die bestimmende, festsetzende Kraft des
Eins als wesentlich beteiligt erkannten, so kann diese begriffliche Kraft
beider Prinzipien auch allein ins Gefecht gesetzt werden, ohne daß der
Grundtypus ihres Zusammenwirkens sich wesentlich ändert. Freilich
wird die unbestimmte Zweiheit sich dann als ein Paar von Bedeutungen
darstellen, deren gegenseitige Beziehung durch die Anwendung des
„Eins", — in jenem allgemeinen Sinne — bestimmt wird, genau so wie
es Plato an der zitierten Stelle des Staates ausführt: ein noch nicht gesondert, getrennt aufgefaßtes Paar, eine p o t e n t i e l l e Zweiheit (δύο
ἀχώριστα, συγκεχυμένον τι) wird in den Zustand des deutlich getrennten
(δύο δ ι ω ρ ι σ μ έ ν α, ein ἕν und noch ein ἕν) übergeführt, ein ἀόριστον,

ein Unbestimmtes, wird zum διωρισμένον, zum Bestimmten. Es ist derselbe Stamm, der in diesen beiden Worten und in ὅρος, Grenze, ὁρισμός, Begriffsbestimmung vorliegt. Hier wird also die ἀόριστος δυάς zum Prinzip einer begrifflich qualitativen Mannigfaltigkeit. Wie Plato trotz dieser von ihm selbst so deutlich bezeichneten Auffassung die in der unbestimmten Zweiheit gemeinten Elemente das Große und das Kleine nennen, sie also auf den quantitativen Bereich scheinbar festlegen konnte, bedarf vielleicht noch einer kurzen Erläuterung.

Zunächst ist an die allgemeine Tendenz der platonischen Spätphilosophie zu erinnern, möglichst viel des Qualitativen quantitativ auszudrücken, welchem Zwecke der vieldeutige Begriff des Maßes[13]), dieser Hauptbegriff des Spätplatonismus dient. Daß Großes und Kleines im Sinne einer allgemeinen Größenlehre gemeint ist, liegt nahe, so daß also mindestens an die Größe und Kleinheit der Zahlen bereits mitgedacht ist. Die Beziehungen zwischen Ideen nach dem Muster anderer Logoi zu behandeln, dazu drängten ja eine Reihe bereits bekannter Platonischer Motive[14]). Eine einigermaßen zulängliche Bestätigung des hier deutlich gewordenen Grundrisses der platonischen Lehrschrift vom Guten als eines zusammenhängenden Stückes voreuklidischer Mathematik aus dem platonischen Parmenides und Philebos sowie aus Aristoteles würde den Rahmen dieses Aufsatzes sprengen; einzelne Bestätigungen — die sich allenthalben aufdrängen — würden diesen Grundriß nur unübersichtlich machen.

Ich hoffe, daß er auch in dieser Form mehreres deutlich gemacht hat: 1. die Wichtigkeit und Fruchtbarkeit des Logosgedankens. 2. ein bedeutendes Stück einer voreuklidischen Theorie des Logos. 3. die Notwendigkeit, das Urteil des Aristoteles in mathematischen Dingen nicht allzu gering einzuschätzen, selbst wenn er in der philosophischen Auswertung der von ihm berichteten Tatsachen zuletzt andere Wege gegangen sein sollte.

---

[13]) Sehr charakteristisch scheidet Plato im Politikos 283 d, 284 e die Messung von relativer Größe (πρὸς ἄλληλα) von einem werthaften Messen — eine Stelle, von der aus im Zusammenhang mit dem Philebos der Titel der platonischen Lehrschrift klar wird.

[14]) Die Richtung weist das, was als ein Teil der platonischen Lehrschrift ausdrücklich berichtet wird: Zuordnungen von Gegensätzen, etwa „Eins, Dasselbe, Ähnliche, Gleiche" gegenüber dem „Vielen, Andern, Unähnlichen, Ungleichen" (Ar. Met. 1054 a 30 ff. und die Commentatoren), oder die Überordnung von „Mehr oder Weniger" (Philebos) über die Gegensätze größer, kleiner (ἔλαττον doppelsinnig), breiter, schmaler, schwerer, leichter; so Simplicius zu Physik 248, 20. Vgl. Sext. Emp. II p. 35 Mutschm., nach Hermodor, also aus bester Quelle; dazu Heinze, Xenokr. 37 (Hinweis von Willy Theiler). Ich möchte zum Schluß nur noch einmal zur Ergänzung auf den genannten Speusippartikel und natürlich auf „Zahl und Gestalt" verweisen, und muß mir das Zusammenarbeiten und den Ausgleich des an den drei Stellen Entwickelten für eine andere Gelegenheit vorbehalten.

Zur Geschichte der babylonischen Mathematik.

Von O. Neugebauer in Göttingen.

Vor kurzem hat C. Frank in den „Schriften der Straßburger Wissenschaftlichen Gesellschaft in Heidelberg" (neue Folge 9. Heft) einige sumerische und babylonische Texte veröffentlicht, unter denen sich auch sechs Stücke mathematischen Inhaltes befinden, auf die mich hinzuweisen Prof. Meißner die Güte hatte. Nach Angabe von Frank entstammen sie sämtlich der altbabylonischen Zeit. Da diese Texte, wie mir scheint, für die Geschichte der antiken Mathematik von großem Interesse sind, von Frank einer Kommentierung aber nicht unterzogen wurden, so möchte ich dies wenigstens für eine bestimmte Gruppe von Aufgaben (aus Tafel 8 und 10 der Frankschen Zählung) nachholen. Eine Bearbeitung der übrigen hoffe ich demnächst vorlegen zu können.

Obwohl Nichtassyriologe, sehe ich mich doch gezwungen, im folgenden die Frankschen Übersetzungen nicht einfach abzudrucken; diese sind nämlich in ihren Zahlenangaben so gründlich an dem babylonischen Sexagesimalsystem gescheitert, daß oft gerade die entscheidenden Stellen nicht zu verwenden sind. Die dezimale Umschreibung der Zahlen des Originales erweist sich wieder einmal als eines der größten Hindernisse in der Erschließung eines Textes, solange dieser nicht bis in alle Einzelheiten hinein verstanden ist. — Schließlich lassen sich, nachdem einmal der sachliche Inhalt klargestellt ist, auch die Lesungen selbst nicht unerheblich verbessern — kleine philologische Ungenauigkeiten bitte ich mir nicht zu schwer anzurechnen.

1. Die Vorderseite der Tafel Nr. 10 (Frank S. 22 f.) ist mit einer Zeichnung gekrönt, die etwa das Aussehen von Fig. 1 hat. 13,3 bzw. 22,57 bedeuten dabei die sexagesimal geschriebenen Zahlen $13 \cdot 60 + 3 = 783$ und $22 \cdot 60 + 57 = 1377$. Dann folgt der Text:

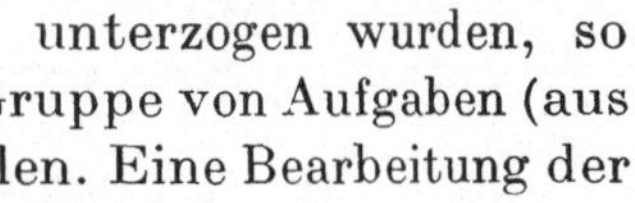

1	3	
13,3	22,57	

Fig. 1.

Vs. 2. Ein Viereck, darinnen zwei Flüsse, 13,3 ($= 783$) die obere Fläche[1]),

---

[1]) $a\text{-}\check{s}a(g)$ im Sinne eines mathematischen Terminus „Fläche, Flächeninhalt" zu fassen, ist z. B. durch die Stelle Frank, Tafel 8,1 gerechtfertigt, wo die übliche Übersetzung mit „Feld" nicht angeht: „Fläche des Flusses". (Vgl. unten S. 75.)

3. 22,57 (= 1377) die zweite Fläche [und] ein Drittel der unteren
    Länge für
4. die obere Länge, die obere Breite größer als die Trennungs-
    linie
5. und die Trennungslinie größer als die untere Breite, zusam-
    men [36].
6. Die Längen, Breiten und die Trennungslinie berechne.
7. Du verfährst so: 1 und 3 lege (?)
8. 1 und 3 zusammen (ist) 4. Das Reziproke[2]) von 4 (ist) 0;15
    (= 1/4)[3]) und
9. 0;15 (= 1/4) mit 36 erhöht gibt 9. 9 mit
10. 1 erhöht gibt 9. 9 mit 3 erhöht 27.
11. Um 9 ist die obere Breite über die Trennungslinie größer,
12. um 27 ist die Trennungslinie gegen die untere Breite größer.
13. Das Reziproke von 1 ist 1. Mit 13,3 (= 783) erhöht
14. gibt 13,3 (= 783). Das Reziproke von 3 (ist) 0;20 (= 1/3).
    Mit
15. 22,57 (= 1377) erhöht gibt 7,39 (= 459)[4]).

Rs. 1. 13,3 (= 783) gegen 7,39 (= 459) berechne den Überschuß.
   2. 5,24 (= 324) ist der Überschuß. 1 und 3 zusammen (ist) 4.
   3. Halbiere[5]) 4 (das ist) 2. Das Reziproke von 2 (ist) 0;30 (= 1/2).
       Mit 5,24 (= 324)
   4. gibt 2,42 (= 162), nicht . . . .[6]). 2,42 (= 162) nicht teilbar.
   5. Berechne mit 2,42 (= 162) gelegt, was 9 gibt.

---

[2]) *igi* n *dù-a* nach Zimmern OLZ 19 (1916) 324 wörtl. „Teil n spalten". Der
mathematische Kern wird am besten durch „Das Reziproke von n bilden" getroffen.
Dabei ist es selbstverständlich, daß das Reziproke einer ganzen Zahl in der Form
eines Sexagesimalbruches geschrieben wird. Wenn Weidner OLZ 19 261 sagt, „daß
die nächsthöhere Potenz von 60 durch die eingeschlossene Zahl dividiert wird", so
ist diese Regel unter Umständen zu eng. Z. B. muß in unserem Text Rs. 11 bei 1/72
mit der zweiten (negativen!) Potenz von 60 gerechnet werden. Man macht sich die
Sache am einfachsten an unserem Rechnen mit Dezimalbrüchen klar, indem man
nur 10 durch 60 ersetzt. Vgl. auch die nächste Fußnote.

[3]) Da das Komma bereits für die Trennung der einzelnen Sechziger-Potenzen
(„Sexagesimalen") verbraucht ist, setzte ich zur Kennzeichnung der Trennungsstelle
zwischen ganzen Zahlen und Sexagesimalbrüchen immer ein Semikolon. Es entspricht
genau dem Dezimalkomma. Die Einführung besonderer Namen („Minuten, Sekun-
den" usw.) bedeutet nur eine überflüssige Belastung des Rechnens. – Vgl. im übrigen
S. 71.

[4]) Frank umschreibt hier 7,39 mit 27540, obwohl er dieselbe keilschriftliche
Gruppe gleich danach richtig mit 459 wiedergibt.

[5]) Vgl. OLZ 19 322.

[6]) Folgt ein unverständliches Wort, von Frank mit GIR umschrieben. Soll es
etwa „ohne Rest" heißen?

6. 0;03,20 (= 1/18) gelegt. Das Reziproke von 0;03,20 (= 1/18) gibt 18.

7. 18 auf 1 erhöht (ist) 18. Die obere Länge (ist) 18.

8. Mit 3 erhöht : 54 (ist) die untere Länge von der [oberen][7] Länge aus.

9. Halbiere die Breite 36. 18[8]) mit 1,12 (= 72) erhöht

10. (ist) 21,36 (= 1296). Von 36,00 (= 2160) subtrahiert[9]) (ist) 14,24 (= 864).

11. Das Reziproke von 1,12 (= 72), der Länge[10]), ist 0;00,50 (= 1/72). Mit 14,24 (= 864) erhöht

12. gibt 12. 12[11]) mit 36[12]) addiere. 48 [ist es.][13]

13. 48 die obere Breite, 12 mit 27 addiert:

14. 39, die Trennungslinie, von 12, der unteren Breite, gibt es.

2. Die erste Aufgabe in der Kommentierung dieses Textes besteht in der Rekonstruktion der Angaben. Die Zeichnung und die Worte am Schluß, die offenbar das Resultat enthalten, lassen es wahrscheinlich erscheinen, daß es sich um die Berechnung zweier aneinanderstoßender Trapeze handelt — Trapeze und nicht einfach Rechtecke, weil sonst kein Unterschied zwischen oberer und unterer Breite bestehen könnte. Das Weitere wird lehren, daß mit dieser Annahme in der Tat das Richtige getroffen ist.

Zunächst ist offenbar der Flächeninhalt der beiden Teilgebiete (daß dies der Sinn des Wortes „Flüsse" ist, wird sich noch anderweitig bestätigen — vgl. S. 75) gegeben. Die „obere" Fläche ist dabei die in der Figur linke, die „untere" die rechte. Es entspricht dies genau der Drehung um einen rechten Winkel, mit deren Hilfe die Bildzeichen, aus denen die Keilschriftzeichen ursprünglich entstanden sind, in ihre richtige Lage gelangen — bei der Lesung in Horizontalzeilen von links nach rechts liegen sie nämlich alle auf der Seite, das obere Ende nach links gedreht. — Es ist also $F_o = 783$, $F_u = 1377$ gegeben.

---

[7]) Der Text hat irrtümlich nochmals „untere Länge". Die Verbesserung in „obere" schlage ich in Analogie zu den Schlußworten des Textes vor. In der Tat ist die untere Länge „ausgehend von der oberen Länge" (nämlich durch Verdreifachung) gefunden worden — ganz ähnlich wie am Schluß alles auf der Kenntnis der unteren Breite beruht.

[8]) Der Text hat irrtümlich 17.

[9]) Frank hat den Terminus *usuḫ* des Subtrahierens hier für *sàg-dù* gelesen, was aber keinerlei Sinn gibt.

[10]) Es ist hier *igi 1,12 uš dù* zu lesen, statt Frank's *igi 72 ba-dù*.

[11]) Der Text hat irrtümlich 22.

[12]) Von Frank zu Unrecht in 26 abgeändert.

[13]) Das muß wohl der Inhalt der Zeichenreste am Schluß der Zeile gewesen sein. Franks „teilbar (?)" ist sicherlich nicht am Platz.

Die nächste Angabe des Textes steht mit der Figur in bester Übereinstimmung. Für die Längen soll gelten: $1/3\ L_u = L_o$.

Was nun folgt, ist erst richtig zu verstehen, wenn man den Gang der Rechnung mit berücksichtigt. Entscheidend dabei ist allerdings die richtige Deutung eines Wortes „RI", das Frank unübersetzt läßt. Die Tatsache, daß diese Größe RI immer mit den beiden „Breiten" in Beziehung gesetzt wird, läßt vermuten, daß damit die einzige Größe gemeint sein kann, für die die Bezeichnung noch nicht wie bei den Worten Länge, Breite, Fläche von Anfang an festliegt: die Trennungslinie zwischen den beiden Teilgebieten. Auch dieser Ansatz wird durch die Rechnungen des Textes voll bestätigt.[14]) Diese zeigen aber noch mehr; es ergibt sich nämlich aus ihnen, daß auch die Differenz der oberen Breite B_o gegen die Trennungslinie RI ein Drittel des Unterschiedes von RI gegenüber der unteren Breite B_u sein soll — was zusammen mit der entsprechenden

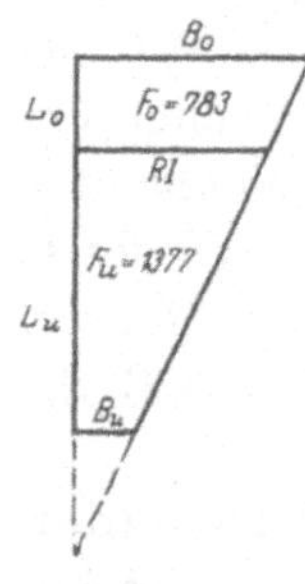

Fig. 2.

Relation für die Längen soviel besagt, als daß sich die beiden Teilgebiete zu einem geradlinigen Doppeltrapez aneinanderschließen lassen, wie dies in Fig. 2 angedeutet ist. Für die Worte des Textes bedeutet dies, daß die Angabe „ein Drittel" in Zeile 3 auch noch auf die darauffolgend genannten Differenzen $B_o - RI$ und $RI - B_u$ mit zu beziehen ist. Das Wort „zusammen" in Zeile 5 muß dann angeben, wie groß $(B_o - RI) + (RI - B_u)$ ist, d. h. sie gibt den Wert der Breitendifferenz $B_o - B_u$ an.

Aus der Rechnung ist wieder erschlossen, daß an der zerstörten Stelle am Zeilenende hierfür die Zahl 36 einzusetzen ist; das erste Zehnerzeichen ist im Original noch gut zu erkennen.

Zur Vervollständigung der Angaben fehlt nur noch eine Annahme über die Beziehung zwischen den Seiten und der Fläche des Trapezes. Die weitere Rechnung wird zeigen, daß man das Recht hat, es mit der richtigen Formel

$$F_o = L_o \frac{B_o + RI}{2} \quad \text{bzw.} \quad F_u = L_u \frac{RI + B_u}{2}$$

zu versuchen und nicht etwa mit gewissen, im Altertum auch gebräuchlichen Näherungsformeln. Die Annahme der Rechtwinkligkeit glaube ich mit Rücksicht auf die vollkommene Korrektheit aller folgenden Überlegungen des Textes wohl machen zu dürfen — das Gegenteil hieße nur, ohne

---

[14]) Wie ich einem Hinweis von Prof. Struve in Leningrad verdanke, läßt sich diese Deutung des Wortes RI auch philologisch rechtfertigen: RI = „divide" nach G. A. Barton, The origin and developement of Babylonian Writing, Leipzig, Baltimore 1913 (= Beiträge z. Ass. u. Sprachw. IX). — Vgl. ferner Deimel, Sumerisches Lexikon, Rom 1928, II, 1 S. 218, 86,58 u. 86, 60: RI = Scheidung, Trennung, Zwischenraum, Wand, Grenzmauer.

irgend welche Notwendigkeit Fehler anzunehmen. Zu bemerken ist nur ganz allgemein, daß auf die Zeichnungen in keiner Weise entscheidend zu zählen ist, denn sie geben, wie die Erfahrung lehrt, die Verhältnisse nur in ganz groben Umrissen wieder. Der Satz, daß die Geometrie die Wissenschaft sei, aus falschen Figuren richtige Schlüsse zu ziehen, gilt bereits für ihre Anfänge.

Abschließend kann man also für unsere Aufgabe die folgende Formulierung finden: In einem Doppeltrapez (vgl. Fig. 2) sind aus

$$(1) \qquad B_o - RI = 1/3 \, (RI - B_u)$$

$$(2) \qquad B_o - B_u = 36$$

$$(3) \qquad L_o \cdot \frac{B_o + RI}{2} = 783$$

$$(4) \qquad L_u \cdot \frac{RI + B_u}{2} = 1377$$

$$(5) \qquad L_u = 3 \, L_o$$

die fünf Größen B_o, B_u, L_o, L_u und RI zu berechnen.

Ich glaube, daß allein das Stellen einer solchen Aufgabe uns einen nicht gering anzuschlagenden Einblick in die Leistungsfähigkeit der babylonischen Mathematik zu geben imstande ist. Ihre Lösung wird diesen Eindruck nur bestätigen. Sie erfolgt in drei Schritten, A, B, C.

3. Vorauszuschicken ist eine Bemerkung über das rein Rechnerische. Unser Text zeigt nämlich, daß die babylonische Division durch Multiplikation mit einem entsprechenden Sexagesimalbruch bewerkstelligt wird (sicherlich unter Benutzung der bekannten Multiplikationstabellen). Dabei muß man aber besonders darauf achten, daß man den Stellenwert richtig wählt, was bei dem Mangel eines Zeichens für Null einige Übung erfordert. Zur Erleichterung werde ich daher im folgenden als Ersatz eines „Sexagesimalkommas" ein Semikolon[15]) und, wenn nötig, Nullen verwenden, obwohl sie natürlich im Text selbst fehlen; z. B. 0;03,20 für $3 \cdot 60^{-1} + 20 \cdot 60^{-2} = 1/18$. Meist werde ich auch der sexagesimalen Ausdrucksweise die dezimale an die Seite stellen.

A. Die Bestimmung von $d = B_o - RI$.

Um die Rechnungen des Textes zu verstehen, hat man zu bedenken, daß sich die Bedingung (1) auch in die Form kleiden läßt:

$$B_o = RI + d$$
$$RI = B_u + 3 \, d.$$

---

[15]) Das einfache Komma ist bereits zur Kennzeichnung der verschiedenen Sexagesimalstellen verbraucht.

Daraus folgt durch Addition

$$B_o + RI = RI + B_u + (1+3)\,d \quad \text{oder} \quad B_o - B_u = (1+3)\,d.$$

Nun ist aber nach (2) $B_o - B_u = 36$, also d zu berechnen. Die Zahlen des Textes sind:

$$1 + 3 = 4 \qquad\qquad\qquad B_o - B_u = (1+3)\,d$$

$$1/4 = 0;15 \quad 0;15 \cdot 36 = 9 \qquad d = \frac{B_o - B_u}{4} = \frac{36}{4} = 9$$

$$9 \cdot 1 = 9 \qquad\qquad\qquad B_o = RI + d = RI + 9$$

$$9 \cdot 3 = 27 \qquad\qquad\qquad RI = B_u + 3\,d = RI + 27$$

also   (a) $B_o = RI + 9$

        (b) $RI = B_u + 27$

wie es auch in den Zeilen 11 und 12 explizite gesagt ist.

B. Bestimmung von L_o und L_u.

Es werden nun die Bedingungen (3), (4) und (5) herangezogen. Dies geschieht in der Form:

$$F_o = L_o \, \frac{B_o + RI}{2}$$

$$F_u = L_u \, \frac{RI + B_u}{2} = 3\,L_o \, \frac{RI + B_u}{2}$$

aus der folgt:

$$F_o - \frac{1}{3}\,F_u = L_o \, \frac{B_o - B_u}{2}$$

woraus L_o bestimmt werden kann, da F_o, F_u und $B_o - B_u$ gegeben sind. Dem entspricht:

Rechnung des Textes	Umschreibung
$1 \cdot 13,03 = 13,03$	$F_o = 783$
$1/3 \quad 0;20 \cdot 22,57 = 7,39$	$1/3\,F_u = \dfrac{20}{60} \cdot 1377 = 459$
$13,03$ ist größer als $7,39$	$783 > 459$
$13,03 - 7,39 = 5,24$	$F_o - \dfrac{1}{3}\,F_u = 324 = L_o\,\dfrac{B_o - B_u}{2}$
$1 + 3 = 4 \quad \dfrac{1}{2} \cdot 4 = 2$	$\dfrac{B_o - B_u}{2} = \dfrac{(1+3)}{2} \cdot d \quad \dfrac{1+3}{2} = 2$
$\dfrac{1}{2} \quad 0;30 \cdot 5,24 = 2,42$	$\dfrac{1}{2}\left(F_o - \dfrac{1}{3}\,F_u\right) = d\,L_o = \dfrac{30}{60} \cdot 324 = 162$
$2,42 \cdot x = 9$ [16]	$d = 9 \quad 162 \cdot \dfrac{1}{L_o} = 9 \quad \dfrac{1}{L_o} = x$
$x = 0;03,20$	$x = 1/18$
$1 : 0;30,20 = 18$	$\dfrac{1}{x} = 18 = L_o\,.$

---

[16]) Über diesen Schritt vgl. sogleich unten.

So ist also mit Rücksicht auf (5)

(I) $L_o = 18$

(II) $L_u = 54$

gefunden.

Von besonderem Interesse in der vorangehenden Rechnung ist die Lösung der Aufgabe 9 $L_o = 162$. Der übliche Weg würde darin bestehen, 1/9 als Sexagesimalbruch zu schreiben und damit $162 = 2,42$ zu multiplizieren. Nun scheint aber die Tatsache, daß 9 kein Teiler von 60 ist, den Rechner zu einem sonderbaren Umweg zu veranlassen[17]). Man sucht nämlich nun (wohl in einer Tabelle) diejenige Zahl, die mit $2,42 = 162$ multipliziert, 9 ergibt (Ergebnis $1/18 = 0;03,20$) und findet dann erst (aus einer Reziprokentafel) $1 : 0;03,20 = 18$. Der Sinn eines solchen Umweges wird erst zu klären sein, wenn man die Technik des babylonischen Zahlenrechnens, d. h. die Verwendungsregeln ihrer Tabellen besser kennt, als es heute der Fall ist.

Die Zahlen unseres Beispiels sind sicherlich von Anfang an so hergerichtet, daß schließlich alles aufgeht. Aber trotzdem läßt sich klar erkennen, bis zu welchem Grade das Sexagesimalsystem die ganze babylonische Rechentechnik bereits in so früher Zeit durchdrungen hat.

<h3 align="center">C. Bestimmung von B_o, RI und B_u.</h3>

Durch die Schritte A und B sind bereits zwei von den fünf Unbekannten gefunden worden. Zur Bestimmung der drei letzten könnte man nun durch weiteres Einsetzen leicht gelangen, zumal der schwierigste Teil der ganzen Aufgabe bereits erledigt ist. Aber alle Versuche, die kargen Zahlen des Textes mit einer derartigen Rechnung in Einklang zu bringen, schlagen fehl — nur das Endergebnis zeigt, daß man richtig gerechnet hat. Die Lösung dieser Schwierigkeit liegt in einer höchst überraschenden Wendung der Aufgabe. Man muß sich nämlich daran erinnern, daß die ganze Trapezfigur aus e i n e m Dreieck durch Abschneiden der Spitze und Unterteilung parallel zur Breitseite entstanden gedacht werden kann, so daß man es im ganzen mit einem einzigen Trapez zu tun hat. Zeichnet man in diesem an Stelle der Linie RI eine neue Trennungslinie, aber diesmal p a r a l l e l   z u r   L ä n g s s e i t e (wovon aber weder in der Zeichnung noch im Text die Rede ist!) so erhält man an Stelle von F_o und F_u zwei neue Teilgebiete: ein R e c h t e c k F_R und ein D r e i e c k F_D (vgl. Fig. 3). Hat man einmal diese neue Zerlegung, so erklärt sich alles weitere leicht.

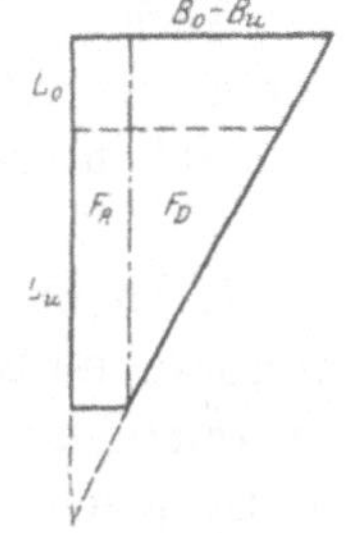

Fig. 3.

<hr>

[17]) Diese Tatsache wird auch durch die unklaren Worte des Textes (vgl. Rs. 4) ausgedrückt werden sollen. — Eine Parallelstelle (CT IX 14 II 12, 13) ist beschädigt.

Es ist zunächst

$$\text{(c)} \qquad\qquad F_o + F_u = F_D + F_R = 2160.$$

Damit ist nun schon die Zahl „36" in Rs. 10 des Textes erklärt, die nicht etwa mit der 36 der Breitendifferenz verwechselt werden darf, sondern als $36,00 = 2160$ zu lesen ist. Nun läßt sich aber die Fläche des Dreiecks bestimmen: $F_D = (L_o + L_u)\dfrac{B_o - B_u}{2} = 72 \cdot 18 = 1296$, so daß wegen (c) auch $F_R = B_u(L_o + L_u)$ bekannt ist. Und daraus ist B_u bestimmbar. Genau dies ist nun der im Text eingeschlagene Weg. Es heißt nämlich:

<table>
<tr><td align="center">Text</td><td align="center">Umschreibung</td></tr>
<tr><td align="center">$36 : 2 = 18$</td><td>$\dfrac{B_o - B_u}{2} = 18$</td></tr>
<tr><td align="center">$18 \cdot 1,12 = 21,36$</td><td>$18 \cdot 72 = \dfrac{B_o - B_u}{2}(L_o + L_u) = 1296 = F_D$</td></tr>
<tr><td align="center">$36,00 - 21,36 = 14,24$</td><td>$F_R = (F_o + F_u) - F_D = 2160 - 1296 = 864$</td></tr>
<tr><td align="center">$1 : 1,12 = 0;00,50$</td><td>$\dfrac{1}{L_o + L_u} = \dfrac{1}{L} = \dfrac{1}{72}$</td></tr>
<tr><td align="center">$0;00,50 \cdot 14,24 = 12$</td><td>$\dfrac{F_R}{L} = \dfrac{1}{72} \cdot 864 = 12 = B_u$</td></tr>
<tr><td align="center">$12 + 36 = 48 = B_o$</td><td>$B_o = B_u + 4\,d = B_u + 36$</td></tr>
<tr><td align="center">$12 + 27 = 39 = RI$</td><td>nach (b) ist $RI = B_u + 27$</td></tr>
<tr><td align="center">$12 = B_u$</td><td></td></tr>
</table>

d. h. es ist

(III)	$B_o = 48$
(IV)	$RI = 39$
(V)	$B_u = 12$

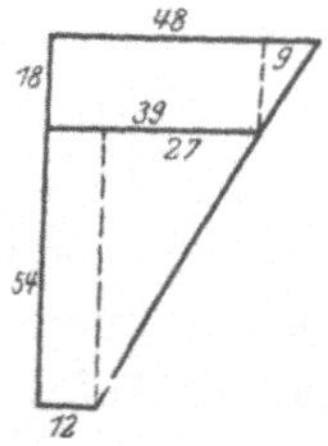

Fig. 4.

womit die Aufgabe vollständig gelöst ist (vgl. Fig. 4).

Auch die Rechnung dieses Schrittes enthält einen charakteristischen Zug der Sexagesimalmethode: der Division durch 72 entspricht die Multiplikation mit $0;00,50$ — sicherlich wieder einer Tabelle entnommen.

4. Zu demselben Aufgabenkreis wie die eben behandelte Tafel 10 gehören die Beispiele der Vorderseite von Tafel 8. Es sind dies drei zusammengehörige Aufgaben, allerdings nur die Formulierung enthaltend, nicht aber die Ausrechnung. Wie man sich die letztere zu denken hat, ist aber aus den Rechnungen der Tafel 10 leicht vorzustellen. — Von einem vierten Beispiel der Vorderseite sind nur die Reste der Figur erhalten, zu dürftig, um daraus Schlüsse ziehen zu können.

Nr. 8, 1. Frank hat darauf verzichtet, von dieser etwas fragmentierten Aufgabe Umschrift oder Übersetzung zu geben. Die Figur und die beiden folgenden Aufgaben ermöglichen aber zu einer (praktisch eindeutigen) Ergänzung zu gelangen (vgl. Fig. 5)[18]). Ich gebe demgemäß die folgende Übersetzung, ohne aber auf absolute philologische Korrektheit Anspruch erheben zu können.

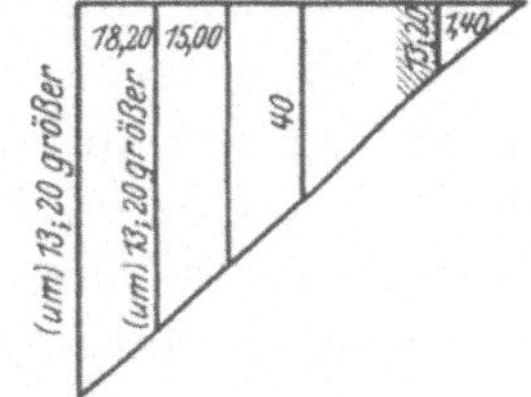

Fig. 5.

1. Ein Dreieck, darin fünf Flüsse. Der obere Fluß ist 18,20 ($=1100$), die Fläche des Flusses [bei 2 ist 15,00 ($=900$).]
2. Die obere Breite gegen die Trennungslinie um 13;20 ($=13\,1/3$) größer und [die Trennungslinie] gegen die Trennungslinie um 13;20 ($=13\,1/3$) [größer].
3. Den Fluß bei 3, Länge und Fläche kenne ich nicht. 40 ist die Trennungslinie bei 4. 1,40 ($=100$) ist die Fläche [bei 5].

Noch mit Hinblick auf die Aufgabe von Tafel 10 ist die eindeutige Zuweisung des Terminus „Fluß" an die Trapez*fläche* sowie die Ableitung der ganzen Aufgabe aus einer Dreiecksfigur von Interesse. Diese Deutung von „Fluß" folgt sowohl aus den Zeilen 1 und 3 (letzteres nochmals in der Aufgabe 8,2 belegt), wie auch aus den Angaben, die der Tafel 10 zugrunde liegen. Nicht die Querstriche in den Figuren sind also die Flüsse, wie Frank es meint (S. 21), sondern die breiten Streifen, die zwischen den „Trennungslinien" („RI") eingeschlossen

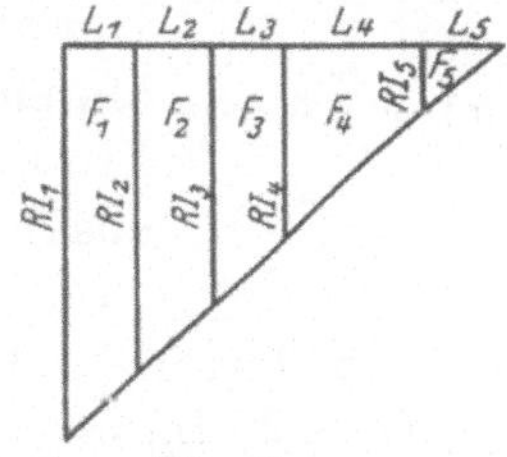

Fig. 6.

sind[19]). Sonst hätte man es ja auch in Fig. 1 (Tafel 10) nicht mit „zwei Flüssen" sondern mit dreien (oder einem) zu tun. Man sieht, daß die Terminologie ganz präzise zwischen „RI" und „Fluß" unterscheidet, also sorgfältiger vorgeht, als man das üblicherweise anzunehmen pflegt.

Mathematisch handelt es sich hier, ähnlich wie in den folgenden Fällen, um die Bestimmung der Längen und Breiten von Teilgebieten eines Dreiecks, das, wie in Fig. 6 angegeben, zerschnitten ist. Gegeben ist:

$$F_1 = 18,20\ (=1100) \quad \text{und} \quad F_2 = 15,00\ (=900).$$

Daß $F_2 = 15,00$ und nicht etwa gleich 15 ist, rechtfertigt sich aus der nachfolgenden Rechnung. Ferner ist

$$RI_1 = RI_2 + 13;20 \qquad\qquad RI_2 = RI_3 + 13;20$$
$$RI_4 = 40 \qquad\qquad\qquad\qquad F_5 = 1,40\ (=100).$$

---

[18]) Die Figur ist (wie alle folgenden) gegen das Original maßstäblich verändert (nämlich den Angaben genauer entsprechend gezeichnet) und berücksichtigt auch nicht genau die Lage der Schriftzeichen. Statt 15,00 steht im Text natürlich nur 15. — Vor allem sind die von mir gezeichneten rechten Winkel nicht den Originalfiguren entnommen, die meist ziemlich gleichschenklige spitze Dreiecke geben.

[19]) Das Wort „Fluß" wird wohl bereits den Charakter eines mathematischen Terminus haben und wäre vielleicht besser durch „Parallelstreifen" od. dgl. wiederzugeben.

Die Differenz von RI_1 und RI_2 (bzw. von RI_2 und RI_3) als $13;20 = 13\,1/3$ und nicht als $13,20 = 800$ zu lesen, läßt sich dadurch motivieren, daß man mit der ersteren Annahme für die Längen der Werte $L_1 = L_2 = L_3 = L_5 = 15$, $L_4 = 30$ erhält, was z. B. für das Dreieck am Ende rechts die Seiten 15 und $13\,1/3$ liefert an Stelle der sehr unwahrscheinlichen Proportionen $1/4$ und 800 im anderen Falle. Prinzipiell bleibt selbstverständlich bei der Unvollkommenheit der babylonischen Positionsschreibung eine derartige Verzerrung der Maßstäbe mit 60er-Potenzen als Faktoren immer möglich.

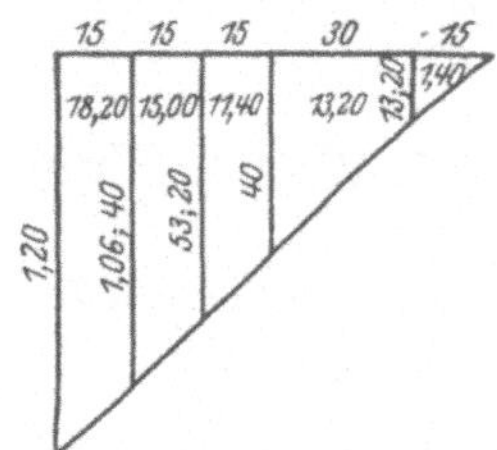

Fig. 7.

Das Ergebnis der im Text nicht ausgeführten Rechnung ist in Fig. 7 veranschaulicht. Übrigens läßt sich trotz des Fehlens der Rechnung ihr Gang rekonstruieren. Beachtet man nämlich, daß durch die Angabe $RI_1 - RI_2 = RI_2 - RI_3$ die Gleichheit von L_1 und L_2 mit gegeben ist, so kann man sogleich nach „Methode B" der Tafel 10 (vgl. S. 72) $L_1 = L_2 = 15$ finden. Nun hat man es also bei den ersten beiden Teilgebieten genau mit der Situation in dem Doppeltrapez von Tafel 10 zu tun (vgl. Fig. 8), so daß man nach der „Methode C"

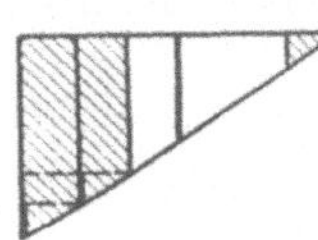

Fig. 8.

alle Bestimmungsstücke dieses Teiles ausrechnen kann. Damit ist aber das restliche Dreieck in seinen Gesamtdimensionen ebenfalls bekannt und verlangt nur noch Proportionalitätsbetrachtungen (die für RI_5 oder L_5 auf das Ausziehen einer Quadratwurzel führen). Der wesentliche Teil der Aufgabe ist demnach genau mit den in Tafel 10 behandelten Hilfsmitteln zu erledigen.

Nr. 8, 2. Diese Aufgabe hat den gleichen Typus wie die vorangehende und ist von Frank übersetzt worden[20]). Sie lautet:

„Ein Dreieck, darin fünf Flüsse. Die obere Fläche ist $18,20 (= 1100)$, die Fläche bei 2 ist $15,00 (= 900)$. Den Fluß bei 3, Länge und Fläche kenne ich nicht. 40 ist die Trennungslinie bei 4. 30 ist die Länge bei 5[21]), $1,40 (= 100)$ die Fläche. Die Trennungslinien und die obere Breite berechne."

---

[20]) An dieser Übersetzung ist folgendes zu ändern: Die Bemerkung, daß die fünf „Flüsse" durch die fünf Keile der Figur repräsentiert werden, ist nicht nur aus den oben angegebenen Gründen falsch, sondern auch deshalb, weil der letzte Keil rechts kein Trennungsstrich der Figur ist, sondern vielmehr als Zahlzeichen zu lesen ist. Das so entstehende „$1,40$" ($= 100$) ist dann mit dem $1,40$ im Text äquivalent. Statt dessen hat der Schreiber den zweiten Querstrich („RI") zwischen den Zahlen $18,20$ und $15,00$ vergessen (vgl. Fig. 9). Ferner: Das obere Feld hat nicht die Größe „1040" sondern 1100 ($= 18,20$). Es heißt nicht „das untere Feld 135"; Frank's „135" ist eine Umschreibung von $2,15$ — aber die 2 gehört zu dem Worte Feld (oder besser „Fläche"): „die Fläche bei 2 (ist) 15".

[21]) Sollte konsequenterweise „bei 4" heißen. Vgl. Fig. 9.

Fig. 9 gibt die Angaben der Zeichnung wieder. Gegeben ist also diesmal:

$$F_1 = 18,20\;(= 1100) \qquad F_2 = 15,00\;(= 900)$$
$$R\,I_4 = 40 \qquad\qquad L_4 = 30$$
$$F_5 = 1,40\;(= 100).$$

Zu berechnen sind acht Längengrößen und zwei Flächen. Das Resultat ist wieder das aus Fig. 7, soferne man etwa noch eine Angabe über die Breitendifferenzen aus der vorigen Aufgabe stillschweigend mit übernimmt. Andernfalls ist die Aufgabe unterbestimmt.

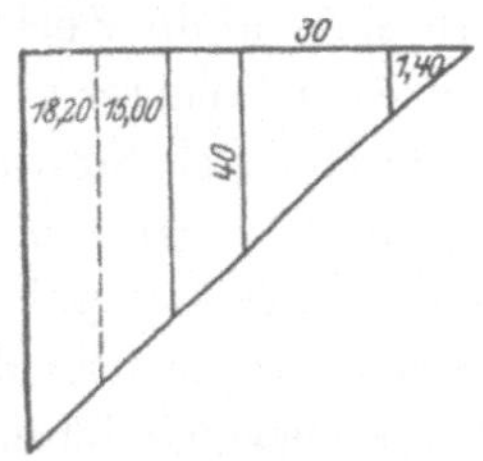

Fig. 9.

Nr. 8, 3. Die dritte Variante schließt sich wieder enger an die erste an (vgl. Fig. 10):

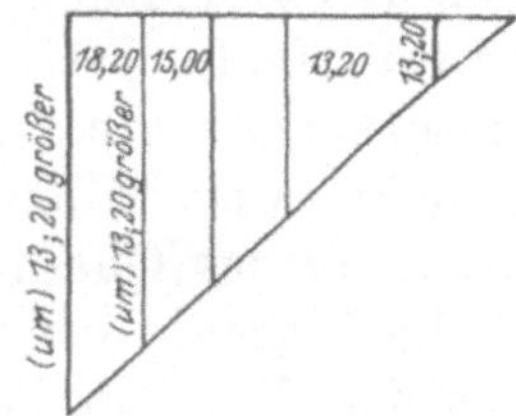

Fig. 10.

„Ein Dreieck, darin fünf Flüsse. Die obere Fläche ist 18,20 (= 1100), die Fläche 2 ist 15,00 (= 900)[22]. Die Fläche bei 3 kenne ich nicht. Die Fläche bei 4 ist 13,20 (= 800), die Hälfte von 26,40 (= 1600)[23]. Die Fläche bei 5 kenne ich nicht. Die obere Breite ist um 13;20 (= 13 1/3) größer als die Trennungslinie. [Die Flächen,] die Längen und die Trennungslinien berechne."

Gegeben ist also:

$$F_1 = 18,20\;(= 1100) \qquad\qquad F_2 = 15,00\;(= 900)$$
$$R\,I_1 = R\,I_2 + 13;20\;(= R\,I_2 + 13\,1/3)$$
$$R\,I_3 = R\,I_3 + 13;20\;(= R\,I_3 + 13\,1/3)$$
$$R\,I_5 = 13;20\;(= 13\,1/3)\,[24].$$

Ferner soll $F_2 = 13,20$ (= 800) sein, unter Hinzufügung der Bemerkung „die Hälfte von 26,40 (= 1600)". In dieser Bemerkung steckt wohl keine Trivialität, sondern eine weitere Bedingung, obzwar sie zur Auflösung nicht nötig ist:

$$F_4 = \frac{1}{2}\,(F_3 + F_4 + F_5)$$

von deren Richtigkeit man sich aus den Zahlen von Fig. 7 überzeugen kann. Zu bestimmen sind neun Längen und zwei Flächen. Wie auch sonst in dieser Beispielgruppe fehlt die Ausrechnung. Den Schlüssel liefert auch hier die Methode von Tafel 10.

---

[22]) Franks 1040 bzw. 135 unrichtig (vgl. Anm. 20).

[23]) Es ist nicht richtig, wie Frank es will, in der Figur des Textes die entsprechende Zahl mit „1580" zu lesen. Die Zahl die er dafür liest, ist in Wirklichkeit 13;20 und steht ganz an ihrem Platze.

[24]) Diese Angabe ist nur der Zeichnung entnommen (vgl. Fig. 10), ist aber zur eindeutigen Bestimmtheit der Lösung notwendig.

5. Die Rückseite von Tafel 8 enthält eine Serie von 11 Aufgaben, die sich auf die Zerlegung von Dreiecken in je ein Trapez und ein Dreieck beziehen. Wieder sind nur die Aufgaben gestellt, aber nicht gelöst; trotzdem läßt sich herausbekommen, welche Resultate erwartet wurden. Die Rechnung ergibt nämlich, daß verschiedenen Beispielen immer dieselbe Figur zugrunde gelegt ist, nur daß einmal Größen als Unbekannte angesehen werden, die das andere Mal gegeben sind. Aus der Kombination dieser verschiedenen Fälle läßt sich die Ausgangsfigur rekonstruieren, deren Maße mit den Ergebnissen unserer Rechnung übereinstimmen, so daß man schließen kann, daß das im Altertum erwartete Resultat mit dem unseren identisch ist. Diese scheinbar triviale Bemerkung ist deshalb von Bedeutung, weil diese Gruppe von Aufgaben die **Lösung quadratischer Gleichungen verlangt**, und zwar wesentlich quadratischer Gleichungen, sehr im Gegensatz etwa zu den bisher bekannten „quadratischen" Gleichungen der Ägypter, die sich auf eine lineare Gleichung für das Quadrat der Unbekannten reduzieren lassen.

Im folgenden greife ich sechs dieser Aufgaben heraus, deren Inhalt sich mit Hilfe von Text oder Figur vollständig feststellen läßt. In der Numerierung schließe ich an die Vorderseite der Tafel an, zähle also von 5 bis 15. Besprochen werden die Aufgaben 9 bis 14.

Nr. 8. 9. Übersetzung von Frank (S. 21 f.):

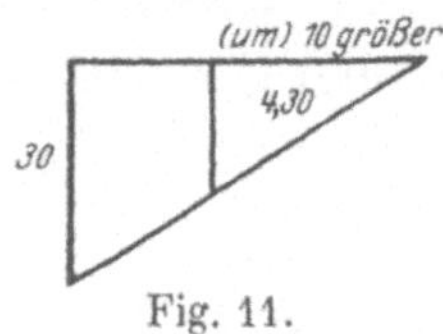

Fig. 11.

„Ein Dreieck, darinnen zwei Flüsse. 30 die obere Breite, 4,30 (= 270) die untere Fläche, und die untere Länge gegenüber der oberen um 10 größer."

Die zugehörige Figur zeigt die in Fig. 11 angegebenen Maße. Die Lösung wird wohl am bequemsten von den beiden Relationen (vgl. Fig. 12)

$$270 = \frac{1}{2} R I (L_o + 10)$$

$$\frac{R I}{L_u} = \frac{R I}{L_o + 10} = \frac{30}{2\,L_o + 10} = \frac{B_o}{L_o + L_u}$$

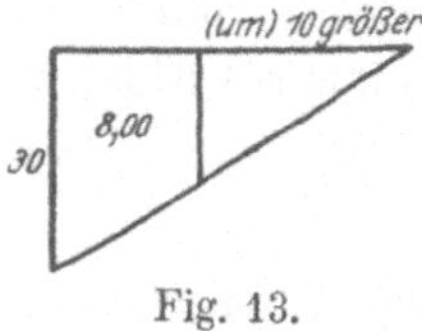

Fig. 13.

ausgehen, was für L_o auf die quadratische Gleichung

$$L_o^2 - 16\,L_o - 80 = 0$$

führt und

$$L_o = 20, \quad R I = 18, \quad F_o = 480, \quad L_u = 30$$

liefert.

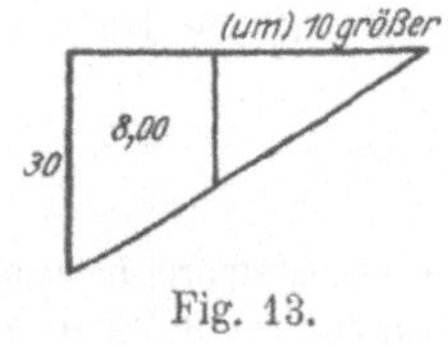

Fig. 13.

Nr. 8, 10. Sogleich die nächste Aufgabe zeigt, daß die eben erhaltenen Resultate die richtigen waren. Hier ist nämlich (vgl. Fig. 13) $F_o = 8,00 = 480$

gegeben und F_u gesucht, das man wieder gleich 270 findet. Der Text lautet (Frank S. 22):

> „Ein Dreieck, darinnen zwei Flüsse. 30 [25]) die obere Breite, 8,00 ($=480$)[25]) die obere Fläche. Die untere Länge gegenüber der oberen um 10 größer. Berechne die Längen."

Das Problem trägt wieder quadratischen Charakter: L_o ist aus

$$3\,L_o^2 - 44\,L_o - 320 = 0$$

zu bestimmen. Die Ergebnisse stimmen im übrigen mit denen aus dem vorigen Beispiel überein.

Nr. 8, 13 und 14. Zwei analoge Aufgaben, nur daß diesmal L_u bzw. L_o selbst und nicht nur ihre Differenzen gegeben sind (vgl. Fig. 14 bzw. 15). Die Ergebnisse sind wieder die der beiden vorigen Beispiele und nur über quadratische Gleichungen hinweg zu erhalten. Der Begleittext selbst ist übrigens in diesen beiden Beispielen zerstört, aber durch die Angaben an der zugehörigen Figur vollkommen ersetzt.

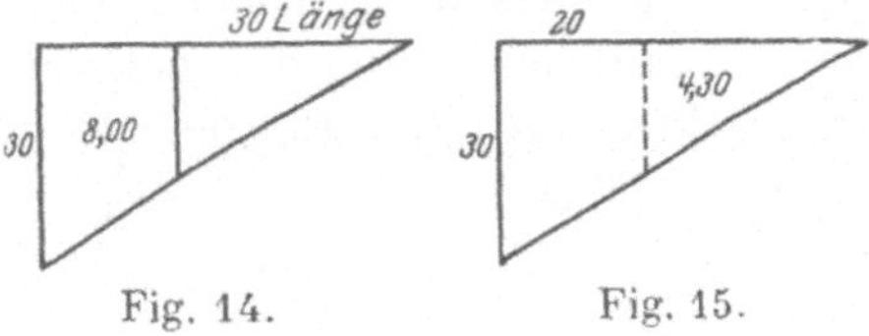

Fig. 14.   Fig. 15.

Nr. 8, 11 und 12. Wieder ein analoges Paar von Aufgaben, zu denen der Text nur teilweise erhalten ist. Wieder reichen aber die Figuren (vgl. Fig. 16 und 17) zur Rekonstruktion aus. Die Lösung $L_u = 20$ ergibt sich in 11 aus der Gleichung

$$L_u^2 - 16\,L_u - 80 = 0.$$

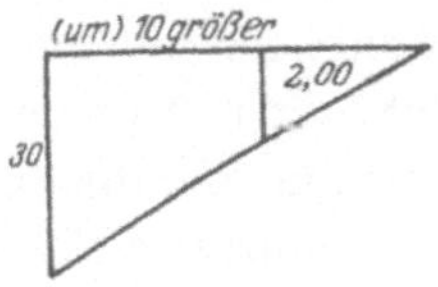

Fig. 16. 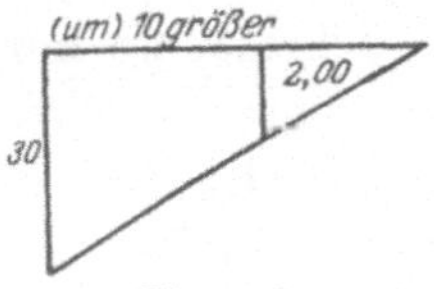   Fig. 16.

F_o ist 10,30 ($=630$), F_u ist 2,00 ($=120$), also die Gesamtfläche gleich 750. Das Gesamtdreieck ist demnach wieder dasselbe wie in den vier vorangehenden Aufgaben: $480 + 270 = 750$. In den zuerst behandelten Fällen war die Länge im Verhältnis $2:3$, jetzt im Verhältnis $3:2$ geteilt.

6. Man darf wohl sagen, daß in den vorliegenden Texten ein gutes Stück babylonischer Mathematik zutage liegt, das geeignet ist, unsere nur allzu dürftigen Kenntnisse dieses Gebietes um wesentliche Züge zu bereichern. Ganz abgesehen von der Verwendung von Dreiecks- und Trapezformel sehen wir, daß komplizierte lineare Gleichungssysteme aufgestellt und gelöst werden, daß man ganz systematisch Aufgaben

---

[25]) Woher Frank seine Zahlen „90" bzw. „540" nimmt, ist mir unerfindlich.

quadratischen Charakters stellt und zweifellos auch zu lösen verstand
— und all dies mit einer Rechentechnik, die der unseren völlig äquivalent
ist. Bei einer solchen Lage der Dinge bereits in altbabylonischer Zeit wird
man in Hinkunft auch die spätere Entwicklung mit anderen Augen anzusehen lernen müssen.

Abkürzungen:

$CT =$ Cuneiform Texts . . . . in the British Museum.
$OLZ =$ Orientalistische Lit.-Zeitg.

Zusatz nach Abschluß der Korrektur. Die in Abschnitt 5
(S. 78 ff.) noch offen gelassene Frage nach der babylonischen Methode zur
Lösung quadratischer Gleichungen hat indessen ihre Beantwortung er-
fahren. Die Bearbeitung der mathematischen Texte aus CT IX hat näm-
lich ergeben, daß das Beispiel CT IX 12, 7 —21 auf die quadratische
Gleichung führt:

$$x^2 - \frac{2F}{d}\, x + \frac{2Fh}{d} = 0.$$

Die Lösung erfolgt nach der Schritt für Schritt vorgerechneten Formel:

$$x = \frac{F}{d} - \sqrt{\left(\frac{F}{d}\right)^2 - \frac{2Fh}{d}}\,.$$

Es ist damit die Kenntnis der vollständigen Auflösungsformel quadratischer Gleichungen für die altbabylonische Zeit nachgewiesen.

Ich möchte hervorheben, daß der wesentliche Schritt zur Klärung
der ganzen hierher gehörigen Aufgabengruppe der Mitarbeit von Herrn
H. S. Schuster an einem Seminar über babylonische Mathematik zu
verdanken ist. — Eine ausführliche Bearbeitung der mathematischen
Texte von CT IX ist für ein Heft der „Quellen" geplant.

Über die Geometrie des Kreises in Babylonien.

Von O. Neugebauer in Göttingen und W. Struve in Leningrad[1]).

Im folgenden sind einige Beobachtungen aneinandergereiht, die, zusammengenommen, geeignet erscheinen können, eine Basis für die bisher so sehr vernachlässigte Erforschung der babylonischen Geometrie, insbesondere der Geometrie des Kreises, abzugeben. Daß man auf diesem Gebiet bereits in altbabylonischer Zeit gewisse Kenntnisse besessen haben muß, die das trivialste Maß überschritten, war bereits seit der Veröffentlichung eines Textes der ersten babylonischen Dynastie durch Gadd zu vermuten[2]). Dort wird nämlich die Berechnung von Teilgebieten gewisser ornamentaler Figuren verlangt (sie haben etwa das Aussehen eines Fliesenbelages), in denen Kreise und Kreisbogen eine Rolle spielen. Mehr als eine flüchtige Formulierung solcher Aufgaben ist aber in diesem Text nicht enthalten. Sehr im Gegensatz dazu enthalten aber die in den „Cuneiform Texts from Babylonian Tabletts, &c., in the British Museum" seit 28 Jahren (in Keilschrift) veröffentlichten Tafeln „CT IX 8 bis 15" eine große Zahl von Aufgaben und Lösungen, die es gestatten, den Einzelheiten der Rechnung von Anfang bis zu Ende nachzugehen. Eine erste Probe einer solchen Interpretation wollen wir im folgenden vorlegen.

§ 1.

Vorbemerkungen zur Terminologie (Neugebauer).

1. *RI*. Durch die Ausführungen der vorangehenden Arbeit ist es möglich geworden, den inhaltlichen Sinn des Wortes *RI* mit „Trennungslinie" festzustellen[3]). Auch in den unten zu besprechenden CT-Aufgaben spielt dieser Terminus eine Rolle, muß hier aber in einem etwas speziellerem Sinne übersetzt werden. Immer erscheint zwar „*RI*" als das trennende Gebilde; hat man es z. B. mit einer Kreisfläche zu tun, die man

---

[1]) Die Verantwortung für die redaktionelle Fassung des Folgenden liegt auf dem erstgenannten der Autoren.

[2]) J. C. Gadd, Form and Colours, Rev. d'Ass. 19 (1922), S. 149ff.

[3]) Vgl. S. 70.

durch eine Gerade durch den Mittelpunkt in zwei Halbkreise zerlegt, so wird diese Gerade auch als „*RI*" bezeichnet. Es erscheint aber für das Verständnis einer Übersetzung zweckmäßig, in diesem Fall *RI* mit „*Durchmesser*" wiederzugeben. Läuft die Trennungslinie exzentrisch, so ist *RI* sinngemäß mit „*Sehne*" zu übersetzen. Und schließlich erscheint *RI* auch als Bezeichnung des trennenden Gebildes bei dreidimensionalen Körpern, spielt also die Rolle der „*Schnittebene*". Es ist ersichtlich, wie alle diese Fälle mit einem Ausdruck wie „die Trennende" hätten umfaßt werden können.

2. *UR-DAM* = Senkrechte. Die Rechtfertigung dieser Übersetzung bedarf einer etwas längeren Ausführung, weil es zunächst gilt, sich mit einer von Ungnad gegebenen Deutung als Terminus der „Multiplikation"[4] auseinanderzusetzen.

Ungnad stützt sich bei seiner Deutung auf die Stelle CT IX 11, 15, die er mit „sende 3075 (dezimale Umschreibung von 51,15)[5] zum 15. davon, (so) siehst du 46125 (= 12,48,45)" wiedergibt. Nun ist in der Tat kein Zweifel, daß hier das Produkt der beiden Zahlen 51,15 und 15 gebildet werden soll. Gewöhnlich wird die Operation a·b = c durch „(a) *a-na* (b) *i-ši* (c) *ta-mar*" ausgedrückt — an unserer Stelle steht aber „(a) *a-na* (b) *ša tu-ur-dam* (c) *ta-mar*", so daß in der Tat Ungnad's Auffassung über jeden Zweifel zu stehen scheint. Nun läßt sich aber zunächst an einer anderen CT-Stelle zeigen, daß auch eine verkürzte Ausdrucksweise für a·b = c verwendet werden kann, nämlich „(a) *a-na* (b) (c) *ta-mar*" (CT IX 9, 13/14)[6], so daß an der Stelle von *tu-ur-dam* nicht notwendig ein Wort „multiplizieren" stehen muß. Außerdem ist der Sinn des Determinativpronomens *ša* „der", „welcher" nach der Zahl (b) nicht klar. Die Entscheidung bringt aber die sachliche Interpretierung der Ungnadschen Stelle, aus der hervorgeht, daß es sich hier nur um eine, der Zahl (b) beigefügte nähere Erklärung handelt, wie es auch sonst immer üblich ist, z. B. CT IX 9, 24 „bilde von 27,00 (= 1620), den Leuten, das Reziproke" oder 9,25 „0;00,2,13,20 (= $\frac{1}{1620}$) mit 1,00 (= 60), der Länge, multipliziere" usw. passim. Daß es sich in der Tat auch hier um einen analogen Fall (unter Anwendung des verkürzten Ausdruckes für die Multiplikation) handelt, zeigt die Übersetzung des

---

[4] Or. Lit.-Ztg. 19 (1916), 364, Anm. 1.

[5] Vgl. S. 67 u. 68 Anm. 3. Die eingeklammerten Zahlen sind von mir hinzugefügt. Welcher Stellenwert ihnen zuzuschreiben ist, kann aus der Übersetzung des ganzen Abschnittes auf S. 83 entnommen werden.

[6] Eine analoge Verkürzung eines anderen Ausdruckes für a·b = c findet sich bei Frank l. c. S. 67 Tafel 10, Rs. 3: an Stelle von „(a) *a-na* (b) *nim* (c) *ta-mar*" tritt „(a) *a-na* (b) (c) *ta-mar*".

ganzen Absatzes. Es dreht sich um die Berechnung des Volumens einer Mauer, deren Querschnitt ein Trapez ist, das durch eine horizontale Trennungslinie (,,*RI*"!) in zwei Teiltrapeze zerlegt ist (vgl. Fig. 1)[7]). Wie man zur Bestimmung der einzelnen Größen aus den Angaben gelangt, gehört nicht in den augenblicklichen Zusammenhang. Nun aber heißt der Schluß:

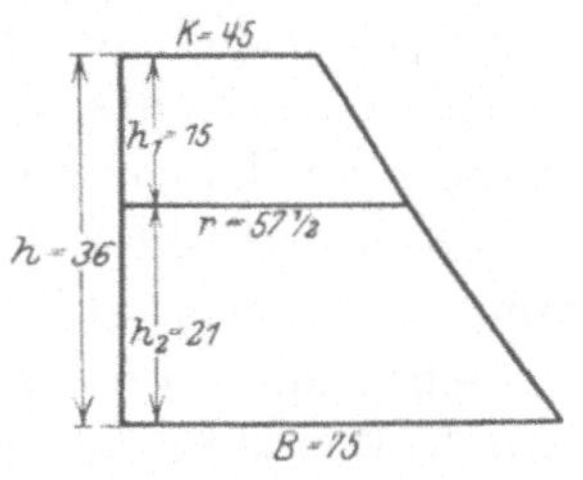

Fig. 1.

13. 57;30, die Trennungslinie, und 45, den Kopf, dazu. 1,42;30	$r + K = 57\frac{1}{2} + 45 = 102\frac{1}{2}$
14. siehst du. Die Hälfte von 1,42;30 brich ab. 51;15 siehst du. 51;15	$\frac{1}{2}(r + K) = 51\frac{1}{4}$
15. mit 15 *ša tu-ur-dam*. 12,48;45 siehst du (als) obe[re] Erdmassen[8]).	$h_1 \cdot \frac{1}{2}(r + K) = F_1 = 768\frac{3}{4}$ $[F_1 \cdot l = V_1 = 46125]$[8])
16. Resultat[9]). Die unteren Erdmassen erhalte: 57;30 und [1,]15 dazu (ist) 2,12;30.	$r + B = 57\frac{1}{2} + 75 = 132\frac{1}{2}$
17. Die Hälfte von 2;12;30 brich ab. 1,6;15 siehst du. 1,6;15 mit 21, der Höhe,	$\frac{1}{2}(r + B) = 66\frac{1}{4}$
18. multipliziere. 23,11;15 siehst du (als) die unteren Erdmassen.	$h_2 \cdot \frac{1}{2}(r + B) = F_2 = 1391\frac{1}{4}$ $[F_2 \cdot l = V_2 = 83475]$[8])
19. So ist das Verfahren.	

Die Kommentierung bereitet auf Grund von Fig. 1 keine Schwierigkeit: In den Zeilen 13 bis 15 und 16 bis 18 haben wir in genauer Parallelität die Berechnung der Flächeninhalte der beiden Teiltrapeze des Mauerquerschnittes durchgeführt:

$$F_1 = h_1 \cdot \frac{1}{2}(r + K) \qquad F_2 = h_2 \cdot \frac{1}{2}(r + B).$$

Dieser Parallelismus ist es aber, auf den es hier ankommt: denn hieraus

---

[7]) Man beachte die Analogie dieser ganzen Aufgabe mit der von Frank veröffentlichten Tafel 10! Vgl. oben S. 70.

[8]) Im Text ist die Multiplikation mit der Länge 1,00 = 60 der Mauer unterdrückt die nötig ist, um aus dem Querschnitt das Volumen (,,Erdmassen") zu erhalten. Dasselbe Übergehen der Multiplikation mit ,,1" findet sich auch sonst in CT IX. Hier zeigt sich deutlich der Einfluß des Fehlens eines Sexagesimalkommas.

[9]) *nigin*. Daß es sich hier um diesen, aus den sumerischen Wirtschaftstexten wohlbekannten Terminus für ,,Summe", ,,Gesamtheit" handelt, verdanke ich einem Hinweis von Prof. Götze. In den mathematischen Texten von CT IX steht *nigin* immer am Ende von Abschnitten der Rechnung, abwechselnd mit *gar-ra* ,,fertig" (vgl. hierzu OLZ 19, 364 Anm. 6).

ersieht man, daß der Terminus *UR-DAM* in Z. 15 dem Wort „Höhe"
(*sukud*) in Z. 17 entspricht — der erstere zur Erklärung der Zahl 15, der
zweite zur Erklärung von 21. 15 und 21 geben aber zusammen gerade
die gesamte „Höhe 36" der Mauer, von der in der ersten Zeile der Aufgabe die Rede ist (CT IX 11, 1). Das bedeutet aber, daß der mathematische Sinn von „*tu-ur-dam*" durch „senkrecht stehen" getroffen
wird[10]). Man kann demnach Z. 14/15 etwa mit „$51\frac{1}{4}$ mit 15, welche senkrecht ist: $768\frac{3}{4}$ siehst du" wiederzugeben versuchen.

Eine weitere Stütze für diese Übersetzung von *UR-DAM* bringt, wie
mir scheint, eine Aufgabe von der Rückseite eines von Frank als Tafel 8
veröffentlichten Textes[11]). Dort findet sich nämlich zu den Zeilen 10—13
eine Zeichnung, die ich hier als Fig. 2 wiederhole.
Dazu folgender Text [12]):

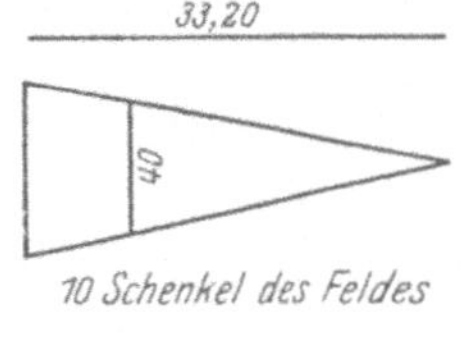

Fig. 2.

10. Ein Dreieck, Länge und obere[13]) Breite kenne
ich nicht.
11. 10 Schenkel des Feldes von der oberen Breite
ab.
12. 33;20 *UR-DAM* und 40 die Trennungslinie.
13. Länge und .Breite berechne.

Die als *UR-DAM* bezeichnete Zahl 33;20 ($=33\frac{1}{3}$) kommt in der Figur
an einer, außerhalb des Dreiecks gezeichneten und zur Basis senkrechten
Strecke vor, deren Länge gleich einer „Höhe" des Dreiecks ist. Auch hier
wird also die Übersetzung „Senkrechte" nahegelegt[14]).

Hierzu paßt schließlich der Gebrauch des Wortes *UR-DAM* in den
unten (vgl. § 5 u. 6) zu besprechenden Aufgaben: es bedeutet dort einfach die Höhe des Bogens über der Sehne.

§ 2.

Kreisumfang und Kreisfläche. $\pi \approx 3$. (Struve.)

1. *Kippatum* = Kreisumfang. Ungnad hat in seinen lexikalischen
Studien in Zeitschr. f. Ass. 31 (1917/18) S. 264, das in den mathemati-

---

[10]) Ungnads Übersetzung „sende davon" ließe sich damit auch in Beziehung
setzen. — Was der Wechsel zwischen *ur-dam* und *tu-ur-dam* zu bedeuten hat, ist
nicht klar. — Vgl. auch Anm. 31.

[11]) Vgl. l. c. S. 67.

[12]) Vgl. Frank S. 21.

[13]) Vgl. S. 69.

[14]) Das Problem gehört vermutlich zu den in der vorangehenden Arbeit behandelten Aufgaben quadratischen Charakters. Eine endgültige Klärung ihres Sinnes
würde die definitive Bestimmung der mathematischen Bedeutung des von Frank
mit „Schenkel (Basis)" übersetzten Wortes erfordern. Im übrigen scheint mir das

schen CT-Stellen oftmals vorkommende Wort $GAM = kippatum$ durch
„Krümmung, Kreis(bogen)" übersetzt. Die beiden Aufgaben CT IX 11,
33 bis 38 und 39 bis 43 (vgl. § 5 u. 6) beweisen, daß hier dieses Wort
den ganz präzisen Sinn „*Kreisumfang = Länge der Peripherie*" besitzt[15]).
CT IX 11, 33 beginnt mit den Worten „1,00 (= 60) der Umfang . ." und
11,39 mit „wenn ich den Umfang 1,00 (= 60) umkreist habe". Außerdem hat die Zeichnung, welche der ersten dieser beiden Aufgaben bei-
gegeben ist (vgl. Fig. 4 S. 90), die Zahl „1" am Umfang angegeben. In
der Tat bewährt sich diese Übersetzung auch in den anderen Fällen.

2. $\pi \approx 3$. In den beiden oben zitierten Aufgaben ist von der Angabe
„Umfang = 60" scheinbar kein weiterer Gebrauch gemacht. Dagegen erscheint mitten in der Rechnung ohne weitere Begründung (Z. 34 und
Z. 40) der Durchmesser als bekannte Größe: $d = 20$. *Das bedeutet aber,
daß π durch 3 approximiert wird.*

Dieser Sachverhalt kommt nun in klaren Worten in unseren Texten
selbst zum Ausdruck. CT IX 8, 37 bis 9, 18 beschäftigt sich mit der ring-
förmigen Befestigung einer Stadt. Die zugehörige Figur zeigt 3 kon-
zentrische Kreise (die von zwei senkrechten Durchmessern gekreuzt
werden), so daß zwei Kreisringe entstehen, deren Breite nach Angabe
der eingetragenen Ziffern 5 sein soll. Die uns interessierende Stelle des
Begleittextes lautet nun folgendermaßen:

45. . . . Wenn sechzig[16]) der Umfang, den Durchmesser[17]) berechne. Den
　　dritten Teil von sechzig, dem Umfang, bilde[18]).
46. 20 siehst Du. 20 (ist) der Durchmesser. 5 . . .[19]) verdopple, 10 siehst
　　Du.
47. 10 zu 20, dem Durchmesser, addiere. 30 siehst Du. (Diesen) Durch-
　　messer verdreifache.
48. 1,30 (= 90) siehst Du. 1,30 (= 90) (ist) der Umfang des Grabens.

Hier wird also zweimal vor unseren Augen der Übergang zwischen Durchmesser und Kreisumfang vorgenommen unter Verwendung von 3 für π.

Wort UR-DAM auch in der stark fragmentierten Aufgabe Frank 8, Rs. 26 bis 28
vorzukommen: 28. 4 UR-$D[AM \ldots]$. Diese „Senkrechte 4" wird wohl auch in der
Zeichnung einzusetzen sein, an Stelle des von Frank gegebenen „4,13 *uš*".
　[15]) Mathematisch treffender wäre vielleicht das Wort „Bogenlänge" im allgemeinen Sinne. So gebraucht z. B. CT IX 13, 1 ff.
　[16]) 1-*šu* als Abkürzung von *šuššu*, wie Z i m m e r n Sitzungsber. Sächs. Ges.
Wiss. 53 (1901) S. 51 Anm. 1 ausgeführt hat. Vgl. auch CT IX 8, 37 und 9, 19 sowie
2-*šu* für 120 in 9, 13. (N)
　[17]) RI; vgl. oben S. 81.
　[18]) *igi 3 gál 1-šu kippatum usuḫ*.
　[19]) Unverständlich; 5 ist die Breite des Kreisringes zwischen erstem und zweitem
Kreis.

Kreisfläche. Mit dem Umfang $U = d \cdot \pi$ des Kreises steht die Fläche in der Relation $F = \dfrac{1}{4\pi} U^2$. Die Approximation $\pi \approx 3$ hat demnach zur Folge, daß die Kreisfläche aus dem Umfang mit Hilfe der Formel

$$F = \frac{1}{12} U^2$$

abgeleitet werden kann. In sexagesimaler Schreibweise heißt dies:

$$Kreisfläche = 0;5 \cdot (Kreisumfang)^2.$$

Auch für diese Beziehung liefert die eben herangezogene CT-Stelle einen Beleg. In unmittelbarer Fortsetzung des schon Übersetzten heißt es nämlich:

49. Resultat[20]). 1,30 ($=90$) quadriere. 2,15,00 ($=8100$) siehst Du. 2,15,00 mit 0;5 — Umfang![21])

50. multipliziere. 11,15 ($=675$) siehst Du (als) Fläche (?)[22]) ...

Hier ist also die Fläche des zweiten Kreises (Durchmesser 90) berechnet worden.

§ 3.

Volumen des Kegelstumpfes (Struve).

Die volle Bestätigung des im Vorangehenden Behaupteten liefert die Erklärung der bereits von Ungnad in seiner oben zitierten Arbeit [23]) übersetzten Aufgabe CT IX 10, 23 bis 30 zur Berechnung eines als „Korb" bezeichneten Kegelstumpfes. Sie lautet:

23. Ein Korb, 4 der untere Umfang, 2 der obere Umfang, 6 die Höhe	$U_u = 4 \qquad U_o = 2 \qquad h = 6$
24. Die Erdmassen[24]) berechne und die Trennung[25]) der Erdmassen oben und der Erdmassen	
25. unten[26]). Du[27]): 4 quadriere. 16 siehst du. 16 mit	$U_u^2 = 16$

---

[20]) *nigin.* Bezieht sich noch auf das Vorangehende. Vgl. Anm. 9.

[21]) Dieser Zusatz soll offenbar bedeuten: „Die Multiplikation mit diesem Faktor $\frac{1}{12}$ ist nötig, weil die Kreisfläche durch Quadrieren des Umfanges gefunden werden soll" (vgl. S. 87). Steckt darin ein Hinweis, daß auch andere Methoden zur Berechnung der Kreisfläche üblich waren?

[22]) *ki.*

[23]) Vgl. S. 82. Daß die von Ungnad konsequent als g a n z e Zahlen umschriebenen Keilschriftzeichen z. T. als B r ü c h e zu lesen sind, ist eine Beobachtung von A. P. R i f t i n.

[24]) D. h. soviel wie „Volumen".

[25]) „*RI*". Vgl. oben S. 82.

[26]) De facto wird im folgenden nicht d i e s e Aufgabe gelöst, sondern die einfachere, das Volumen des einheitlichen Gesamtkörpers zu bestimmen. Erst die nächste Auf-

<table>
<tr><td>

26. 0;5 — Umfang![21]) — multipliziere. 1;20
siehst du. 2 quadriere. 4 siehst du

27. 4 mit 0;5 — Umfang![21]) — multipli-
ziere. 0;20 siehst du. 1;20 und 2;20
dazu.

28. 1;40 siehst du. Die Hälfte von 1;40
brich ab. 0;50 siehst du. 0;50 mit 6,
der Höhe,

29. multipliziere. 5 erhältst du für die
Erdmassen des Korbes.

30. So ist das Verfahren.

</td><td>

$$F_u = \tfrac{1}{12}\, U_u^2 = 1\tfrac{1}{3}$$
$$U_o^2 = 4$$
$$F_o = \tfrac{1}{12}\, U_o^2 = \tfrac{1}{3}$$

$$\tfrac{1}{2}\,(F_o + F_u) = \tfrac{5}{6}$$

$$V = h \cdot \tfrac{1}{2}\,(F_o + F_u) = 5$$

</td></tr>
</table>

Die Bedeutung dieser Rechnung ist die folgende. Zur Bestimmung des Kegelstumpfvolumens wird zunächst der Inhalt von Grundfläche und Deckfläche gemäß der Formel (vgl. S. 86) $F = \tfrac{1}{12}\, U^2$ berechnet, und dann das Volumen dadurch gefunden, daß die Höhe *mit der mittleren Querschnittfläche* multipliziert wird. Ein derartiges Verfahren kann also nur ein Nährungsverfahren sein.

Wenn auch nicht unmittelbar zum Thema „Kreis" gehörig, so sei hier doch darauf hingewiesen, daß durch den Moskauer Mathematischen Papyrus für Ägypten die Kenntnis der richtigen Formel für das Volumen des quadratischen Pyramidenstumpfes

$$V = \frac{1}{3} \cdot h \cdot (a^2 + ab + b^2)$$

nachgewiesen ist[28]). Dagegen ist auch für Ägypten eine analoge Approximation für das Kegelstumpfvolumen erhalten, wenn auch aus dem dritten nachchristlichen Jahrhundert[29]). Die in diesem Text (einem der Oxyrhynchos-Papyri) zur Anwendung gelangende Formel ist $V = h \cdot 3 \cdot \left(\dfrac{r+R}{2}\right)^2$, geht also vom mittleren Radius aus, im Gegensatz zur Verwendung der mittleren Querschnittsfläche in dem babylonischen Beispiel. Die Approximation von π ist in beiden Fällen einfach 3.

Der sonst in Ägypten (mittleres Reich) für π verwandte Wert ist aber wesentlich besser als 3. Der Formel für die Kreisfläche:

$$F = \left(\frac{8}{9}\, d\right)^2$$

---

gabe beschäftigt sich mit der Zerlegung des Kegelstumpfes in zwei Teile (CT IX 10, 31—37). Vgl. § 4.

[27]) Verkürzt aus: „Du verfährst dabei so:". Vgl. oben S. 68.

[21]) Siehe Anm. 21 S. 86.

[28]) Vgl. B. Touraeff, The Volume of the truncated Pyramid in Egyptian Mathematics, Ancient Egypt 1917, S. 100ff.

[29]) Vgl. Borchardt in Bassermann-Jordan, Geschichte der Zeitmessung und Uhren, Altägyptische Zeitmessung S. 11.

entspricht nämlich $\pi \approx 3,16$. Es bleibt selbstverständlich die Frage offen, ob nicht auch in Babylonien eine bessere Annäherung bekannt gewesen sei. Man ist noch weit davon entfernt, eine wirklich geschichtliche Übersicht über die mathematischen Kenntnisse aus vorgriechischer Zeit geben zu können, die rein theoretische Kenntnisse von Regeln der Praxis sondern könnte, und nicht wahllos Texte aller Gattungen und Zeiten als prinzipiell gleichwertig betrachten müßte.

<h2 style="text-align:center">§ 4.</h2>

Weiteres über den Kegelstumpf (Neugebauer).

Bereits in der vorangehenden Aufgabe war von einer „Trennung" des „Korbes" in zwei Teile die Rede, ohne daß darauf in der Rechnung Bezug genommen wäre (vgl. S. 86, Anm. 26). Dies wird nun in den folgenden Zeilen CT IX 10, 31 bis 37 nachgeholt. Es heißt dort:

31. Ein Korb, 4 die Basis, 2 der Kopf, 6 die Höhe, 5 die Erd[mass]en,
32. 3 die Vertikale (? ?)[30]. Die Trennung und die Erdmassen berechne.
    Du:
33. 4, die Basis, gegen 2, den Kopf. Berechne den Überschuß.
34. 2 ist die Differenz. Bilde von 6, der Höhe, das Reziproke. 0;10 siehst
    Du. 0;10 [mit 2, der Differenz, multi]pliziere.
35. 0;20 siehst Du. 0;20 mit 3, welche die Höhe[31] ist, multi[pliziere]
36. 1 siehst Du. 1 von 4, der Basis, subtrahi[ere, 3 siehst Du.]
37. 3 ist die Trennung.   So ist das Verfahren.

Ein Blick auf die vorangehende Korb-Aufgabe lehrt, daß die Zahlen der ersten Zeile beiden Aufgaben gemeinsam sind. Es fragt sich aber zunächst, ob die Bezeichnungen „Basis" und „Kopf" an Stelle von „unterer" und „oberer Umfang" andeuten sollen, daß es sich nun um andere geometrische Größen handelt. Die Übereinstimmung in Höhe und Volumen dürfte aber wohl dafür entscheiden, daß auch in den andern Dimensionen

---

[30]) *pa-e-li* wohl *ša*(?) *e-li* .. Inhaltlich muß die Schnitthöhe h' (vgl. Fig. 3) gemeint sein.

[31]) *te-lu-ú*. Vgl. auch Zimmern in Orient. Lit.-Ztg. 19 (1916), 323, Anm. 1. Prof. Götze weist mich auf die Möglichkeit hin, daß hier ein bewußter Gegensatz gegen den Terminus *ur-dam* (vgl. S. 82) zum Ausdruck kommen sollte. *ur-dam* wäre das (senkrecht) „herabfallende" Lot, während *télû* (*mélû*, *sukud*) die aufwärts gerichtete Höhe bedeutete. In der Tat ließe sich dies mit der Bezeichnung $h = $ *ur-dam* in Fig. 1 und $h' = $ *télû* in Fig. 3 in Einklang bringen. — Als weiterer Terminus für „Höhe" (oder „Tiefe") sei noch *zi-gál* aus CT IX 12, 9 und 14 II 5, 9, 16, 18, 22 erwähnt.

dasselbe gemeint sei, zumal die Angabe über die „Erdmassen" des Gesamtkörpers in der zweiten Aufgabe überflüssig ist und nur durch die Identität der beiden Körper veranlaßt scheint. Unter diesen Annahmen läßt sich die folgende Rechnung leicht verstehen. Mit den Bezeichnungen von Fig. 3 bedeutet sie:

$$D\pi - \frac{h'}{h}(D-d)\,\pi = \delta\pi, \quad \text{oder:} \quad B - \frac{h'}{h}(B-K) = RI.$$

Es wird also mit anderen Worten von der Proportion

$$\frac{D-\delta}{D-d} = \frac{h'}{h}$$

Gebrauch gemacht, von deren Gültigkeit man sich unmittelbar in Fig. 3 überzeugen kann.

Die vorangehenden Überlegungen würden lehren, daß man sich die Tatsache zunutze machte, daß der Umfang eines Kreises dem Durchmesser proportional ist, um aus dem Mittelschnitt des Kegelstumpfes (der die Achse enthält) den Umfang eines basisparallelen Schnittkreises zu berechnen. Es bliebe allerdings die Möglichkeit offen, an eine Abwicklung des Mantels zu denken, da im Text nur von einer Differenz der Umfänge und nicht der Durchmesser die Rede ist und das Wegheben des gemeinsamen Faktors π

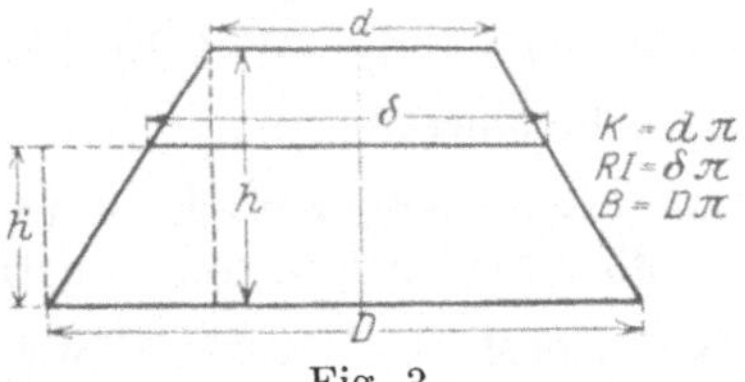

Fig. 3.

nirgends explizite erwähnt wird. Dies würde aber bedeuten, daß man einerseits eine falsche Ansicht über den Kegelstumpfmantel (gleichzeitiges Geradestrecken der Umfänge) zur Grundlage der Rechnung machen müßte, andererseits auch mit dem Terminus „Höhe" ins Gedränge käme, da er für „Mantellinie" stehen mußte. So halte ich es für methodisch richtiger, die gebrauchten Formeln als vollkommen adäquaten Ausdruck der tatsächlichen Gesetzmäßigkeiten anzusehen. Alles was sich aus der weiteren Interpretation der CT-Aufgaben erschließen läßt, bestätigt diese Einschätzung der babylonischen Mathematik.

<h2 style="text-align:center">§ 5.</h2>

<h2 style="text-align:center">Übersetzung von CT IX 11, 33 bis 43</h2>

<h3 style="text-align:center">(Struve unter Mitwirkung von A. P. Riftin in Leningrad).</h3>

Die beiden folgenden Aufgaben sind Umkehrungen voneinander. Hinsichtlich der Figuren vgl. S. 90 bzw. S. 91.

1. CT IX 11, 33 bis 38.

33. 1,00 (=60) der Umfang, 2 die Senkrechte[32]); die Sehne[33]) berechne. Du:[34])

34. Du:[35]) 2 quadriere. 4 siehst du. 4 von 20,

35. dem Durchmesser[36]), subtrahiere. {40 siehst du.}[37]) 16 siehst du. 20, den Durchmesser, quadriere. 6,40 (=400) sie[hst du.]

36. 16 quadriere. 4,16 (=256) siehst du. 4,16 (=256) von 6,40 (=400) subtrahiere.

37. 2,24 (=144) siehst du. (Von) 2,24 (=144) berechne die Quadratwurzel. 12, die Quadratwurzel,

38. (ist) die Sehne. So ist das Verfahren.

2. CT IX 11, 39 bis 43.

39. Wenn ich den Umfang 1,00 (=60) umkreist habe,

40. 12 ist die Sehne, welches senkrecht ist (berechne)[38]). Du: 20, den Durchmesser, quadriere.

41. 6,40 (=400) siehst du. 12 quadriere: 2,24 (=144). Von 6,40 (=400) subtrahiere.

42. 4,16 (=256) siehst du. (Von) 16 berechne die Quadratwurzel. 4 ist die Quadratwurzel. Die Hälfte von 4 brich ab.

43. 2 siehst du. 2 (ist es) welche senkrecht ist[39]). Verfahren[40]).

§ 6.

Kommentar von CT IX 11, 33 bis 43.
„Satz des Thales" und „Pythagoreischer Lehrsatz" (Neugebauer).

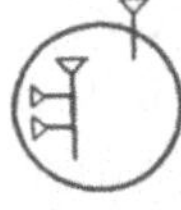 

Fig. 4.

Wie die vorangehende Übersetzung lehrt, handelt es sich hier um die Berechnung von Sehne und Höhe des Bogens im Kreise. Die beiden Figuren des Textes beziehen sich gerade auf diesen Tatbestand (vgl. Fig. 4): Der Vertikalkeil bedeutet die

---

[32]) UR-DAM. Vgl. S. 82.
[33]) *RI*. Vgl. S. 82.
[34]) Vgl. Anm. 27.
[35]) Irrtümlich wiederholt.
[36]) *RI*. Vgl. S. 82 sowie S. 85.
[37]) { } Schreibfehler des Textes.
[38]) Eine solche Verkürzung der einleitenden Redewendung ist auch sonst zu belegen: vgl. CT IX 11, 21; 12, 42 und 13, 1.
[39]) Vgl. oben S. 84.
[40]) Verkürzung aus „So ist das Verfahren". Vgl. oben Z. 38.

Sehne, die übrigen Zeichen[41]) sind Zahlzeichen 2 bzw. 12 (vgl. Fig. 5)[42]).
Hat man einmal die Bedeutung dieser und der übrigen Zahlen erkannt,
nämlich

Durchmesser $d = 20$

Länge der Sehne $s = 12$

Höhe des Bogens $a = 2,$

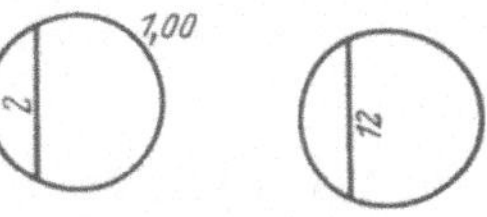

Fig. 5.

so ist auch der Gang der Rechnung selbst leicht
zu verstehen. Die erste der beiden Aufgaben bestimmt die Länge der
Sehne auf Grund der Formel:

$$s = \sqrt{d^2 - (d - 2a)^2}.$$

Ein Blick auf Fig. 6 lehrt, daß diese Formel wegen des Satzes „von
Thales" über die Rechtwinkligkeit von Dreiecken im Halbkreis und
des „Pythagoreischen" Lehrsatzes zu Recht be-
steht[43]).

Die zweite Aufgabe bringt die Umkehrung. Die
Höhe des Bogens ist zu finden aus:

$$a = \frac{1}{2}\left(d - \sqrt{d^2 - s^2}\right).$$

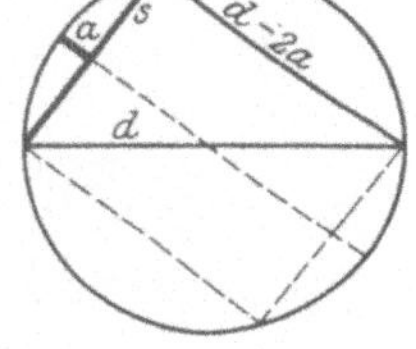

Fig. 6.

Im Text ist dem Schreiber allerdings ein Irrtum
unterlaufen. In Z. 42 hat er nämlich zunächst vergessen, zu sagen, daß 16 als Quadratwurzel aus
$256 = d^2 - s^2$ aufzufassen ist. Statt dessen hat er die Operation $d - \sqrt{d^2 - s^2}$
$= 20 - 16 = 4$ als Wurzelziehen aus jenen eben erhaltenen 16 erklärt, was
der Sache nach unsinnig ist, wenn es hier auch gerade zufällig zahlenmäßig dasselbe Resultat liefert. Z. 34 enthält einen entsprechenden
Fehler: 2^2 statt $2a$. Analoge Interpretationsfehler des Abschreibers finden
sich auch an andern CT-Stellen.

Über die geschichtliche Bedeutung dieser Tatsachen braucht wohl
nicht viel gesagt zu werden. Wir haben hier das erste Mal einen Text vor
uns, der uns einen Einblick in die bisher ganz dunkle Geschichte der

---

[41]) Über die „1" am Umfange vgl. oben S. 85.

[42]) Die Figuren sind also genau so angelegt, wie die Figuren in den Tafeln 8 und 10
bei Frank (vgl. die vorangehende Arbeit).

[43]) Die speziellen Zahlen 20, 16 und 12 bewirken, daß die Wurzeln rational aus-
fallen. Daß es aber „Pythagoreische" Zahlen sind, ändert nichts an der Allgemeinheit
der obigen Schlußfolgerungen, da sich die angegebenen Formeln ganz zwangläufig
aus der Verfolgung der einzelnen Schritte der Rechnung ergeben. „So ist das Verfahren" drückt ja aus, daß die speziellen Zahlen nichts Wesentliches an der Sache zu
tun haben.

Sehnenrechnung gewährt. Durch die Kenntnis des „Pythagoreischen Lehrsatzes" und von Approximationsformeln irrationaler Quadratwurzeln [44] sind bereits in frühbabylonischer Zeit die Mittel gegeben, um eine systematische Sehnenberechnung zu ermöglichen.

---

[44] Vgl. auch Neugebauer, Zur Geschichte des Pythagoräischen Lehrsatzes, Göttinger Nachrichten, Math.-nat. Kl. 1928, S. 45 ff.

Platos Einfluß auf die Bildung der mathematischen Methode.

Von Friedrich Solmsen in Bonn.

Woran wir denken, wenn von Aristoteles' logischen Werken die Rede ist, die Kategorien, die Analytik, die Topik und einige kleinere Abhandlungen, ist keine nach einheitlichem Plan entworfene Schriftenreihe, sondern ein Aggregat von zu sehr verschiedenen Zeiten und mit sehr verschiedener Einstellung zum Objekt verfaßten Lehrschriften. Es ist möglich, auf dem Wege einer entwicklungsgeschichtlichen Analyse speziell für die aristotelische Syllogistik ein Stadium vor der allgemeinen Schlußlehre der Analytica Priora wiederzugewinnen, für welches ihr engster Kontakt mit der gleichzeitigen Mathematik charakteristisch ist[1]). Man kann geradezu sagen, daß die aristotelische Schlußtheorie in jener frühen Periode seines Denkens, die wir rekonstruieren, nichts anderes war als eine Methodologie des mathematischen Beweises. Auf dem Wege zu ihrer späteren Universalität ist sie insofern schon, als sie die Regeln des Beweises zwar von der mathematischen $\dot{\alpha}\pi\dot{o}\delta\varepsilon\iota\xi\iota\varsigma$ (Beweis) abstrahiert, aber diese als Prototyp des Beweises überhaupt betrachtet und sich deshalb berechtigt glaubt, die hier gewonnenen Erkenntnisse auf alle Beweise auszudehnen. Diese mathematische Methodologie, von der wir sprechen, findet sich im ersten Buche der aristotelischen Analytica Posteriora, der sogenannten Apodeiktik.

Hier sollen diese neuen Erkenntnisse, die im übrigen erst möglich waren, nachdem durch Werner Jaegers bahnbrechendes Aristotelesbuch[2]) der entwicklungsgeschichtliche Gesichtspunkt in die Aristotelesforschung eingeführt war, nicht für die Genesis der aristotelischen Logik, sondern für

---

[1]) Die Analyse, von der ich hier das Ergebnis' mitteile, ist ausgeführt in meinem Buche, das im Februar 1929 als vierte der von Werner Jaeger herausgegebenen Neuen philologischen Untersuchungen erscheint: Die Entwicklung der aristotelischen Logik und Rhetorik. Ich verweise auf das Kapitel über die Entwicklung der mathematischen Methode zwischen Plato und Archimedes (S. 109ff.), teils als Ergänzung zu diesem Aufsatz, teils weil vieles, dessen Begründung hier nur eben gestreift wird, dort eingehend bewiesen ist.

[2]) Werner Jaeger, Aristoteles. Grundlegung einer Geschichte seiner Entwicklung. Berlin 1923.

die Entwicklung der griechischen Mathematik im vierten vorchristlichen
Jahrhundert ausgewertet werden.[3]) Dies ist möglich, weil Aristoteles hier
ängstlich jedes spekulative Hinausgehen über die wirklich von den Mathematikern seiner Zeit gehandhabte Methode vermeidet und sich in allem,
was er konstatiert, unverkennbar an den gegebenen Zuständen innerhalb
der mathematischen Praxis orientiert. Es braucht nicht erst ausgesprochen zu werden, daß, sobald die enge Verbindung des Apodeiktikbuches
mit der gleichzeitigen Mathematik erkannt ist, wir hier eine Quelle für
die Mathematik jener Zeit und insbesondere für ihre methodologische
Formation gewonnen haben, hinter der alles andere Quellenmaterial weit
zurücktritt. So ist es auch nicht erstaunlich, daß manches Fundament,
auf dem die bisherige Mathematikgeschichte mit einer gewissen Selbst-
verständlichkeit gebaut hat, sich dabei als brüchig erweist. Der Mathematiker von heute ist geneigt, wenn er auf die Geschichte seiner Wissenschaft einen Blick wirft, von den inhaltlichen und methodologischen Resultaten der letzten Jahrhunderte abzusehen, aber es liegt ihm fern,
solche offenbar selbstverständliche Grundgegebenheiten seiner Wissenschaft wie den euklidischen Beweis mit seinem in Wahrheit doch sehr
komplizierten Apparat zunächst einmal aus den Voraussetzungen, unter
denen er sein Objekt, in diesem Falle frühgriechische Mathematikgeschichte, betrachtet, zu eliminieren. So bin ich darauf gefaßt, daß vieles,
was ich Aristoteles zu entnehmen habe, im Leser ein starkes Befremden
hervorrufen wird, und muß mich demgegenüber begnügen, daran zu erinnern, daß wie anderwärts in der Erforschung abendländischer Geistes-
geschichte, so auch in der Geschichte der griechischen Mathematik es
gerade eine voreilige Assimilation des Fremdartigen gewesen ist, was
den Fortschritt der geschichtlichen Erkenntnis gehemmt hat.

Wir beginnen mit der Interpretation eines Satzes aus dem 10. Kapitel
der aristotelischen Apodeiktik (76b 11).

Πᾶσα ἀποδεικτικὴ ἐπιστήμη περὶ	Jede beweisende Wissenschaft[4]) hat es
τρία ἐστίν, ὅσα τε εἶναι τίθεται	mit dreierlei zu tun, mit dem was sie
(ταῦτα δ' ἐστὶ τὸ γένος οὗ τῶν	existent setzt — das ist das *γένος* (Gat-
καθ' αὐτὰ παθημάτων ἐστὶ θεω-	tung), dessen *καθ' αὐτὰ παθήματα*[5])

---

³) Da die Geschichte der Mathematik im vierten Jahrhundert v. Chr. durch die
Heranziehung der neuen Quelle auf eine neue Basis gestellt ist, schien es mir nicht
geboten, bei jedem Punkte, den ich zur Sprache bringe, zu den bekannten mathe-
matikgeschichtlichen Werken Stellung zu nehmen.

⁴) Gemeint sind auch hier wieder, wie schon die Beispiele lehren, die mathematischen Wissenschaften.

⁵) Der Ausdruck ist unübersetzbar und dem Leser, der nicht Griechisch kann,
nur schwer verständlich zu machen. *πάθημα* und *πάθος* bezeichnen, auf Personen
bezogen, alles, was diesen derart zustößt, daß ihr körperlicher oder seelischer Zustand verändert wird, und gleichzeitig den auf diese Weise hervorgerufenen Zustand

ϱητική), καὶ τὰ κοινὰ λεγόμενα ἀξιώματα, ἐξ ὧν πρώτων ἀποδείκνυσι, καὶ τρίτον τὰ πάθη, ὧν τί σημαίνει ἕκαστον λαμβάνει. — ihr Untersuchungsobjekt sind —, mit den sogenannten gemeinsamen Axiomen, von denen sie bei den Beweisen ihren Ausgangspunkt nimmt, und drittens mit den πάθη, von deren jedem sie (unbewiesen) setzt, was es bedeutet.

Jedes Wort mutet hier fremdartig an und jedes Wort verlangt erklärende Bemerkungen. Wir hören, daß die Wissenschaften etwas als existent setzen, und was sie existent setzen, soll ihr γένος sein. Andere Stellen in der Nachbarschaft der übersetzten zeigen, daß es sich bei dem γένος um den höchsten, nicht weiter ableitbaren Begriff des in Frage kommenden Wissenschaftsbereichs handelt[6]), in der Arithmetik um Zahlen oder Monaden, in der Geometrie um Punkte und Linien, in der Stereometrie um Körper. Einzig und allein diese Gebilde werden in der Wissenschaft unbewiesen als existent gesetzt, aller anderen Existenz muß bewiesen werden[7]); das wäre also in der Arithmetik etwa Gerade und Ungerade, die Zwei, die Drei und alle folgenden Zahlen, in der Geometrie Dreiecke, Vierecke, Kreise usw. Bei den Existenzbeweisen von Figuren handelt es sich nicht etwa um den Beweis, daß eine gezeichnete und konstruierte Figur wirklich die in der Aufgabe geforderte ist, sondern um die absolute, ja sogar, wie sich noch ergeben wird, um die transzendente Existenz mathematischer Körper. Damit ist die dem modernen Mathematiker vertraute Sphäre bereits völlig verlassen; hört er gleich noch, wie sich Aristoteles jene Existenzableitungen vollzogen denkt, so wird er vollends den Eindruck haben, daß Wissenschaft und Mystik hier ihre Grenzen rettungslos miteinander zu verwischen beginnen. Und doch handelt es sich im Grunde weder um Mystik noch aber auch um Einzelwissenschaft, sondern um die Ausstrahlungen einer philosophischen Konzeption, welche gleichzeitig die Frage nach dem Sinn der Mathematik beantworten und der mathematischen Objektwelt Aufbau und Gliederung verleihen wollte. Mit einem Worte: Wir sind hier mitten im Platonismus. Schon die Exi-

---

selbst, insbesondere einen Affektzustand. Von Sachen ausgesagt bezeichnen sie dementsprechend alles, was die diesen πάθη unterworfenen Dingen mehr oder weniger wesentlich verändert und was überhaupt den Dingen, sei es von außen her, sei es aus Gründen ihrer eigenen Natur, widerfährt. Das zugehörige Verbum πάσχειν = pati. An unserer Stelle kommen wir der aristotelischen Auffassung vielleicht tatsächlich nahe, wenn wir das πάθημα als einen den Grundbegriff der Wissenschaft gleichzeitig bestimmenden und modifizierenden Affekt fassen, in dem Sinne, in dem Gerade und Ungerade Affekte der Zahl sind. Καθ' αὐτά drückt aus, daß diese παθήματα mit dem Grundbegriff selbst gegeben sind und in seiner Natur begründet liegen (vgl. Kap. 22, 84 a 11 ff.); es steht im Gegensatz zu den συμβεβηκότα, den accidentia.

    [6]) An. Post. A 10, 76 a 31 (vgl. 35 f.); b 3 ff.
    [7]) An. Post. A 10, 76 a 34; b 9 f.

stenz der mathematischen Objekte, genauer: die selbständige Existenz
der Linie, des Dreiecks, der Monas, d. h. der Linie an sich, des Dreiecks
an sich, der Monas an sich ist etwas so ausgesprochen Platonisches, daß
jeder Gedanke an eine anderweitige Entstehung dieser Vorstellungen a li-
mine abgewiesen werden muß. Die Konstellation, in der mathematische
und ontologische Spekulation sich zu gegenseitiger Befruchtung zusammenfinden, ist in der Geschichte des voraristotelischen Geisteslebens nur
ein einziges Mal erreicht: an jenem Punkte, wo Plato nach der Ausge-
staltung seines Ideenkosmos an die Mathematik die Frage richtet, wie
weit sie die Voraussetzungen für einen gleichartigen Aufbau in sich trägt.
Bekanntlich hat die ideentheoretische Durchdringung der Mathematik
schon in der Politeia zu einer grundlegenden Umorientierung und Umgestaltung des gesamten mathematischen Bereiches geführt. Nicht mehr
die einzelnen in den Sand gezeichneten Figuren sind hinfort das Objekt
der mathematischen $\zeta\acute{\eta}\tau\eta\sigma\iota\varsigma$ (Forschung), sondern die in diesen inten-
dierten, durch diese sinnlich repräsentierten „Ideen"[8]. Schon die vor-
platonische Mathematik hat zweifellos bei ihren Lehrsätzen und Beweisen
nicht die einzelnen Figuren gemeint, an denen sie diese vordemonstrierte,
sondern etwas allgemeineres, unsinnlicheres und objektiveres[9], aber erst
Plato hat diese Tatsache in ihrer philosophischen und wissenschaftlichen
Bedeutung ins Bewußtsein gehoben und in ihre Konsequenzen verfolgt.
Hatte er doch in seiner Idee insofern etwas dem Objekt der mathematischen Intentionen analoges gefunden, als auch sie eine Objektivität jenseits der einzelnen Gegenstände sinnlicher Erscheinung war. Ideenlehre
und Mathematik haben hinfort eine Wegstrecke miteinander gemein; diejenigen Seiten der Ideenlehre, die in der Zeit vor der Politeia weniger in
den Vordergrund getreten waren, jetzt aber um so intensiver durchdacht
und ausgebildet werden, drücken auch der mit ihr zu geistiger Schicksals-
gemeinschaft verbundenen Mathematik ihre Spuren auf. Das entscheidende Ereignis ist die Einführung der Diairesis, deren Wesen und Bedeutung verschiedene Arbeiten von J. Stenzel geklärt haben[10]. Ich muß hier
unter Verzicht auf die feineren Nüancen ihres philosophischen Sinnes
mich damit begnügen, die materialen Grundtatsachen dieses Gedankens
zu skizzieren. Das Ziel der Diairesis ist es, die zunächst unüberbrückbar

---

[8]) Resp. VI 510d 5ff., VII 525d 5ff., 527b 5ff., 529b 3ff. Vgl. Stenzel, Plato
der Erzieher (Leipz. 1928) 286f.

[9]) Platos Worte am Ende des VI. Buches der Politeia (510d 6 u. a) charakteri-
sieren einen in den $\mu\alpha\vartheta\acute{\eta}\mu\alpha\tau\alpha$ bestehenden Zustand und sind nicht bloße Spekulation.
Was er sagt, läßt sich mit dem, was wir etwa von Hippokrates von Chios kennen,
durchaus vereinen.

[10]) Studien zur Entwicklung der plat. Dialektik (Breslau 1917) 47ff.; Zahl und
Gestalt (Leipz. 1923) 10ff.; Real-Encyclopädie der klass. Altertumswissenschaft s. v.
Logik.

scheinende Kluft zwischen der höchsten Idee — sei es der Idee des Guten selber, sei es der höchsten Idee eines Sachbereiches wie der Idee des ζῷον in der Zoologie, der Idee der ψυχή in der Psychologie — und den Einzelerscheinungen zu überwinden; sie tut es, indem sie eben von der höchsten Idee durch Teilung zu deren Unterarten — zumeist zwei —, von diesen wieder zu den Unterarten der Unterarten herabsteigt und schließlich zu einem nicht mehr auf diese Weise gliederbaren untersten Artbegriff gelangt, von dem der Weg zum Einzelwesen selbst allerdings noch alles andere als unproblematisch ist (doch brauchen diese Probleme hier nicht mehr zur Sprache zu kommen). Wichtig ist, daß jedes Glied in der Kette von auseinander entfalteten, divergierenden Arten die Qualität eines εἶδος (Idee) hat und daß sie alle in dem obersten Gattungsbegriff ihres Bereiches gleichsam eingefaltet liegen, bevor der diäretische Akt sie entwickelt.

Wir scheinen uns weit von der Aristotelesstelle, die wir erklären wollten, entfernt zu haben und doch haben wir die Entwicklung der platonischen Ideenlehre gerade in dem Stadium gefaßt, dessen befruchtende Einwirkung auf die Mathematik uns aus Aristoteles' Apodeiktik erkennbar wird. Gerade die Gedanken, die uns vorhin Schwierigkeiten machten, klären sich. Die Existenzableitung der Objekte eines mathematischen Sachbereiches aus einer höchsten ἀρχή (Anfang, Prinzip) ist nichts anderes als jene diäretische Ableitung der schichtenweise untereinander angeordneten εἴδη (Ideen) aus der höchsten Idee des jeweils der Untersuchung unterworfenen Objektbezirkes. Schon die Terminologie ist geeignet, auf die Gleichartigkeit der Situation hier und dort hinzuweisen: wie jene höchsten Ideen, so heißen auch die höchsten begrifflichen Einheiten der mathematischen Teilwissenschaften γένη (Gattungen)[11]); sie sind die Gattungsbegriffe zu allen anderen Objekten der gleichen Wissenschaft; alle Zahlen entfalten sich und empfangen ihr Sein — durch Zwischenglieder zumeist — aus der Monade, alle geometrischen Gebilde aus der Linie durch deren Unterteilung in Gerade und Gekrümmt[12]). Kurzum, die mathematische Objektwelt ist hier nur ein Teilgebiet des Gesamtbereiches der platonischen Ideen und von ihm in ihrer Struktur bestimmt[13]). Nun wird uns auch der Begriff der καθ' αὐτὸ παθήματα, den wir an der ausgeschriebenen Aristotelesstelle fanden, verständlich. Diese παθήματα sind nichts

---

[11]) An. Post. A 7, 75 a42; b 3, 7 u. a., A 10, 76 b13. Die Verwendung des Wortes im Sinne von „Wissenschaft, wissenschaftliches Bereich" ist erst sekundär.

[12]) Neben dieser διαίρεσις der γραμμή gehen andere einher, so z. B. die in ῥητή (Rational) und ἄλογος (Irrational). Vgl. An. Post. A 10, 76 b9.

[13]) Vgl. Stenzels Ausführungen über die Ideenzahlenlehre, für welche die Dinge genau so liegen, wie für die eigentlichen mathematischen Objekte (Zahl und Gestalt S. 31 ff., 39 ff., 124 f.).

anderes als die den Grundbegriff (das γένος) eines Wissenschaftsgebietes modifizierenden Qualitäten, die andererseits mit dem Grundbegriff zusammen die untergeordneten Arten konstituieren. Für den Begriff des ζῷον (Lebewesen) sind z. B. χερσαῖον (auf dem Land lebend) und ἔνυδρον (im Wasser lebend) solche παθήματα, für den Begriff des ἀριθμός (Zahl), bzw. der μονάς (Eins, Einheit) ἄρτιον (Gerade) und περιττόν (Ungerade). Vom Grundbegriffe selbst aus gesehen sind es qualifizierende Attribute, vom gesamten Aufbau der ἐπιστήμη (Wissenschaft) aus konstitutive Elemente ihrer sekundären Objekte (denn ihr primäres Objekt ist eben der Grundbegriff, aus dem sich alles andere ontologisch-logisch entfaltet). Zu Aristoteles' Zeit wird also die mathematische Objektwelt nicht einfach hingenommen, sondern die absolute Existenz jedes einzelnen Objektes erst in einem von jedem modernen wissenschaftlichen toto coelo verschiedenen, ontologisch-ideentheoretischen Verfahren abgeleitet, bevor in dem so geschaffenen Objektfelde der exakt-mathematische „Beweis" im euklidischen Sinne des Wortes in Wirksamkeit tritt. Allerdings ergibt sich aus wiederholter Polemik des Aristoteles, aus Nachrichten über die platonische Idealzahlenlehre, last not least aus dem platonischen Timaios[14]), daß diese Situation der mathematischen Wissenschaften bereits ein entwickelteres Stadium innerhalb ihrer platonischen Periode war. Ursprünglich sind diese Wissenschaften in einer qualitativen Reihenfolge nach dem Gerade ihrer Unsinnlichkeit: Arithmetik, Geometrie, Stereometrie, Astronomie angeordnet gewesen und hat es dank der Tatsache, daß die Linien zahlenmäßig bestimmt, die Körper von Flächen umgrenzt sind, einen Modus gegeben, die Existenz der Körper auf die der Fläche und die Existenz der Flächen und Linien auf die der Zahlen zurückzuführen, so daß die Eins die Quelle des Seins für schlechthin alle mathematischen Gebilde war. Man darf die Rolle, die diese Methode in der praktischen Mathematik gespielt hat — denn um hier noch einmal daran zu erinnern: Aristoteles ist hier nur der Berichterstatter; von einer methodologischen Gesetzgebung ist keine Rede —, durchaus nicht unterschätzen: Die berühmte Konstruktion der fünf regelmäßigen Körper durch Theätet ist von den Konstruktionsbeweisen, die wir im 13. Buch der Euklidischen Στοιχεῖα lesen, noch weit entfernt; Theätet leitete vielmehr ganz wie Plato selbst im Timaios das „Sein", d. h. die ideentheoretische Existenz seiner Körper aus der Existenz der sie umgebenden Flächen und deren Existenz aus der der einfachsten Dreiecksarten und mithin des Dreiecks selber ab, und Plato beruft sich an jener Timaiosstelle in merkwürdigerweise lange verkannten Worten ausdrücklich auf die Methode des Theätet[15]).

---

[14]) Eingehender begründet ist dies in meinem genannten Buch S. 109ff.
[15]) 53 c 1ff.; vgl. Eva Sachs, Die fünf platonischen Körper (Philolog. Untersuchg.

Die durch Platos Ideenlehre in der Mathematik hervorgerufene Um-
wälzung, welche wir uns eben in den Grundzügen zum Bewußtsein gebracht haben, entfernte die Mathematik naturgemäß sehr wesentlich von
ihren früheren Aufgaben, die bekanntlich bereits in Arbeitsweise und
Themastellung mehr dem euklidischen Bestand entsprechen. Irgendwie
wird diese vorplatonische Mathematik, der es um das Beweisen von Lehrsätzen und Relationen der mathematischen Objekte untereinander zu
tun war, immer neben jener platonischen, existenzableitenden einher-
gegangen sein. Nur wurde jene andere Form der Mathematik, welche die
Wendung zu den Ideen nicht mitgemacht hatte, von der Akademie, die
damals alles, was es an produktiven Mathematikern gab, um sich sam-
melte[16]) und in ihren Bann zog, nicht als Wissenschaft ($\dot{\epsilon}\pi\iota\sigma\tau\dot{\eta}\mu\eta$) anerkannt und konnte auf diesen Ehrentitel erst wieder Anspruch erheben,
als sie sich eingehend mit der revolutionierenden Umgestaltung, die Platos schöpferischer Eingriff hervorgerufen hatte, auseinandergesetzt hatte.
Sie hat sich in der Tat mit ihr auseinandergesetzt und die Ergebnisse
jenes Prozesses in sich aufgenommen; das Produkt der Auseinandersetzungen wird uns in den etwa zwei Generationen nach Aristoteles' Ana-
lytika Posteriora verfaßten Euklidischen $\Sigma\tau o\iota\chi\epsilon\tilde{\iota}\alpha$ greifbar. Die Mathematiker sahen sich einer groß angelegten und bis ins Letzte durchartiku-
lierten Hierarchie der mathematischen Objekte gegenüber, einer Gliederung, die für unser wissenschaftliches Empfinden etwas unnötiges und
umständliches, ja vielleicht geradezu etwas absurdes und vielfach auch
etwas gewaltsames an sich hat, die aber für die Mathematik jener Zeit,
welche bisher ohne Sinn für die logische Gliederung und die begrifflichen Relationen ihrer Objekte an Hand der Figuren Ergebnisse zu er-
mitteln versucht hatte, die erste Ordnung und gleichzeitig die umfas-
sendste Ordnung innerhalb ihres Heimatbereiches war. Uns fällt es
schwer, zu ermessen, was es für jene Männer bedeutete, wenn ihnen
durch diese eidologische Struktur, beispielsweise der Geometrie, nahegelegt wurde, das gleichschenklige und das nicht gleichschenklige Dreieck
als die zwei Arten des einen Oberbegriffs Dreieck anzusehen. Aristoteles
sagt uns, daß, als er die Apodeiktik schrieb, man noch vielfach Fehler
derart beging, daß man mathematische Tatsachen, die für das Dreieck
als solches galten, nur für das gleichschenklige feststellte oder bewies, daß
zwei Geraden, deren Gegenwinkel = 90° sind, parallel seien, anstatt die
umfassendere Wahrheit, daß alle Geraden mit gleichen Gegenwinkeln pa-

---

XXIV), Berlin 1917, 207. Zu beachten ist, daß das Wort $\dot{o}\delta\acute{o}\varsigma$ an der Timaiosstelle
das Methodische mit einschließt, ja noch stärker dem Methodischen als dem Inhalt-
lichen gilt.

[16]) Proclus in Euclidem pg. 67,19 Friedlein.

rallel sind[17]), zu erkennen. Für ihn heißt das, daß man in der vom höchsten εἶδος Schritt für Schritt herableitenden, niemals ein εἶδος übergleitenden Ideenkette um eine Einheit zu niedrig griff. Die senkrechten Ideenreihen bedeuteten eine ständige Mahnung an die Mathematiker, ihren Erkenntnissen die nötige Ausdehnung und Allgemeingültigkeit zu geben, und boten gleichzeitig jedem derartigen Bemühen die sicherste Wegweise und Kontrolle. So ist uns denn auch überliefert, daß Theudios, einer jener in der Akademie forschenden und arbeitenden Mathematiker, als er ein neues mathematisches Elementarbuch verfaßte, πολλὰ τῶν μερικῶν καθολικώτερα ἐποίησεν d. h. vielen bisher in ihrem Geltungsbereich beschränkteren Erkenntnissen die nötige Allgemeinheit gab.[18])

Den festgefügten Aufbau der in Ideensträngen angeordneten mathematischen Objekte darf man sich allerdings nicht gar zu schematisch und unbeweglich denken. Das Beweisen und Erkennen unbekannter Tatbestände vollzieht sich naturgemäß gerade nicht durch ein Verharren auf ein und derselben Ideenachse, sondern durch ein Übergehen von einer zur anderen. Ein Kontakt findet sich da, wo sich wesensmäßige, begriffliche Inhärenz eines εἶδος aus der einen Kette in einem solchen aus einer anderen feststellen läßt. Plato hat nach der antiken Tradition der Mathematik das oft beschriebene „analytische" Verfahren gegeben, mittels dessen man aufgestellte Behauptungen in methodischem Vorgehen beweist[19]). Es besteht darin, daß zwischen den beiden Begriffen, die im jeweils erstrebten Lehrsatz verbunden werden sollen, μέσα (Mittelbegriffe) gesucht werden. Man geht von dem Begriff, der im Schlußsatz Prädikat werden soll, abwärts, d. h. man fragt, welchen anderen Begriffen er mit logischer Notwendigkeit inhäriert, und geht gleichzeitig von dem zum Subjekt des Schlußsatzes bestimmten Begriffe aufwärts, fragt also hier, welche Begriffe ihm seinem Wesen nach, nicht etwa bloß zufällig und bisweilen, inhärieren. Zwischen den so beiderseits gefundenen Begriffen oder vielmehr zwischen einem von der einen und einem von der anderen Seite gilt es dann wieder ein solches Verhältnis wesensmäßiger Inhärenz aufzufinden, und damit ist auch für die Begriffe, von denen man bei dieser Analysis ausging und die sich im Schlußsatz zusammenfinden sollten, ihre notwendige Verbindung miteinander, quod erat demonstrandum, gesichert[20]). Die Methode stimmt völlig mit dem Grundgedanken der

---

[17]) An. Post. A 5, 74 a4ff., 13ff.

[18]) Proclus in Euclidem pg. 67, 14f. Fr.; abzulehnen ist die Variante ὁρικῶν für μερικῶν.

[19]) Proclus in Euclidem pg. 211, 19ff. Fr.; Diogenes Laertius III, 24.

[20]) An. Post. A 23, 84 b19ff. — Die Zahl der zwischen Subjekt und Prädikat eingefügten Glieder kann natürlich noch wesentlich größer sein. Aristoteles diskutiert unter großem Aufwand von Argumenten die Frage, ob sie unendlich sein können (a. a. O. A 19—22).

aristotelischen Syllogistik, die auch auf dem $\mu\acute{\varepsilon}\sigma o\nu$- (Mittelbegriff-) Prinzip gegründet ist und sich auch nicht mehr an die ursprünglichen, mittels der Diairesis gewonnenen Ideenketten gebunden fühlt, überein und ist auch historisch mit ihm identisch. Gewahrt ist von der Diairesis noch jene Wegrichtung von einem höheren, allgemeineren Begriff (richtiger: Idee) über Zwischenglieder hinweg zu einem tieferliegenden, mithin die Grundtendenz, welche darauf hinauslief, den niedereren Einheiten an dem Sein der höheren und höchsten Anteil zu geben und die ganze Welt des Gedankens zu einer einzigen geistigen Einheit miteinander zu verknüpfen[21]). Jenes Verhältnis wesensmäßiger Inhärenz, von dem wir sprachen, ist nichts anderes als die logische Seite des Verhältnisses zweier Ideen von verschiedener Höhenlage zueinander. Eben jene Wegstrecke der Entwicklung, welche Ideenlehre und Mathematik miteinander gemeinsam haben, ist charakterisiert durch das allmähliche reinliche Herauspräparieren des logisch-begrifflichen Gehaltes innerhalb der — an sich komplexeren — ideentheoretischen Relation. Das $\varkappa\alpha\vartheta'$ $\alpha\dot{\upsilon}\tau\grave{o}$ $\dot{\upsilon}\pi\acute{\alpha}\varrho\chi\varepsilon\iota\nu$ ist eine Formulierung und eine Isolierung dieses Teilgehaltes. Dadurch, daß es hinfort jede Verknüpfung mathematischer Begriffe miteinander integrierend qualifiziert, gewinnt der mathematische Beweis ein bisher unerreichtes Maß von Objektivität. Jene antike Tradition, die wir heranzogen (S. 98), ist vielleicht etwas gar zu naiv biographisch abgefaßt, aber sie hat schon recht, wenn sie von Platos entscheidendem Einfluß berichtet. Die Ideenlehre hat in der Tat der mathematischen $\zeta\acute{\eta}\tau\eta\sigma\iota\varsigma$ (Forschung) und $\dot{\alpha}\pi\acute{o}\delta\varepsilon\iota\xi\iota\varsigma$ (Beweis) ihr methodisches Fundament gegeben und ihnen jenes Maximum an logischer Notwendigkeit gesichert, um dessentwillen die Mathematik so oft als paradigmatisch empfunden worden ist. Die Mathematiker, welche in der Akademie ihre Forschungen trieben, ein Theätet, Eudoxos, Menaichmos, Leodamas und die vielen anderen müßten ein merkwürdiger Menschenschlag gewesen sein, wenn sie bei jenem Hand-in-Hand-Arbeiten mit den Akademikern die für ihre Wissenschaft grundlegende Methode empfingen, ohne sich darüber klar zu sein, daß es eidologische Verknüpfungen waren, die sie unter ihren Objekten herzustellen lernten[22]). Ob Euklid dies noch weiß, ist eine andere Frage.

Der Teilmotive, in welche sich die ursprünglich einheitliche platonische Konzeption des $\varepsilon\tilde{\iota}\delta o\varsigma$ (Idee)[23]) in ihrem letzten Stadium spaltet, sind sehr

---

[21]) Vgl. Stenzel, Zahl und Gestalt S. 115ff., Plato der Erzieher S. 272, 288 u. a. Es bleibt zu fragen, wie weit diese von Stenzel geklärte Tendenz erst durch die von einer $\delta\iota\alpha\acute{\iota}\varrho\varepsilon\sigma\iota\varsigma$ in die andere übergreifende syllogistische Begriffsverknüpfung vollendet wird, und wie weit diese Vollendung mit der Aufhebung von früher wichtigen Sinnbestandteilen der $\delta\iota\alpha\acute{\iota}\varrho\varepsilon\sigma\iota\varsigma$ verbunden ist.

[22]) Über eine weitere Fruktifizierung der $\delta\iota\alpha\acute{\iota}\varrho\varepsilon\sigma\iota\varsigma$ für den mathematischen Beweis s. Proklus a. a. O. 211, 23.

[23]) Ich übersetze „Idee", möchte aber damit bei den Lesern, die sich nicht mit

viele, und das Moment des *καθ' αὑτό*, des wesenhaften Inhärierens, ist nicht
das einzige, das aus der Ideenlehre in die benachbarte Mathematik hin-
überwirkt. Daß Idee und Sinnenwelt von jeher unversöhnlich ausein-
andergestrebt hätten, wäre voreilig zu behaupten; eher darf man eine gewisse Mischung von sinnlichen und übersinnlichen Elementen, ein gleichzeitiges den-Blick-heften auf den konkreten Träger der Idee und auf
jenes Überpersönliche und nicht mehr Konkrete, dessen Träger er ist, als
Charakteristikum des Ideendenkens bezeichnen. Doch führt die weitere
Entwicklung der Ideenlehre wie überhaupt zur Isolierung und Verselb-
ständigung ihrer logischen Seiten, so auch zu einem immer stärkeren
Ausmerzen ihrer sinnlichen Ingredienzien. Jetzt erst tritt das Abstrakte
in das geistige Blickfeld des Griechen.[24]) Wenn die existenzableitende
Mathematik eines Theätet noch keineswegs von dem sinnlich-empirischen
Befund der Figur absah, sondern beispielsweise die einen Körper um-
grenzenden Flächen zu Konstituenten seines Seins, seiner noëtischen
Existenz stempelte, so ist für die beweisende Mathematik eines Eudoxos die Figur in der Tat nur noch eine — allenfalls sogar entbehrliche —
Bequemlichkeit für den Beweis, der seine Schlagkraft niemals aus ihr,
sondern immer aus den begrifflichen Relationen übersinnlicher, ideeller
οὐσίαι (Wesenheiten) zieht. Man sieht das vielleicht am deutlichsten an
dem Satze Euklid XII 2, der auf Eudoxos zurückgeht und das Verhältnis zweier Kreise auf das der Quadrate ihrer Radien zurückführt. Es hat
seinen tieferen Grund, daß hier jene naiv-sinnliche Methode, die Antiphon
bei der Quadratur des Kreises verwandte und die nach Toeplitz' sehr ein-
leuchtender Vermutung bei den sophistischen Mathematikern auch zum
Beweise dieses Satzes gedient hat[25]), aufgegeben ist; jene Mathematiker
ließen ein Quadrat langsam über Achteck, Sechzehneck, Zweiunddreißig-
eck usw. in die Kreisperipherie übergehen und schlugen so auf eine von
seiten der Empirie nie und nimmer zu beanstandende Weise die Brücke
von der eckigen Figur zum Kreise. Ein so stark von der *αἴσθησις* (sinn-
liche Wahrnehmung) abhängiges Verfahren existiert für den Wissen-
schaftsbegriff des Eudoxos nicht mehr; er findet die Basis zu seinem Beweis in jenem sogenannten Stetigkeitsaxiom, welches besagt, daß, wenn
man eine Strecke halbiert und von der Hälfte wieder die Hälfte nimmt
und so weiter, die so behandelte Strecke schließlich kleiner wird als jede

---

Plato beschäftigt haben, keine Assoziation an das, was wir heute darunter verstehen,
erwecken. Die griechische Idee ist in der Tat so sehr durch individuell-griechische
Sehweisen bedingt, daß innerhalb des deutschen Vorstellungsschatzes jedes auch nur
annähernde Äquivalent fehlt. Ich verweise zum Verständnis auf Stenzel, Studien 3ff.,
Wilamowitz, Plato I 346ff.

[24]) Vgl. Jaeger, Aristoteles 395.
[25]) Antike I 183ff.

beliebige andere. Gewiß ein sehr abstrakter Satz, so abstrakt, daß eine innere Wahrscheinlichkeit — und bei dem Fehlen durchschlagender äußerer Zeugnisse kann man nur mit inneren Wahrscheinlichkeiten operieren — abrät, ihn der vorplatonischen Periode der griechischen Mathematik zu vindizieren.

Enger als das Abstrakte mit den Grundmotiven der Ideenlehre verbunden und früher auch zu eigener Existenz erwachsen ist das definitorische Element. Die sokratisch-platonische Frage nach dem $\tau\ell\ \ell\sigma\tau\iota$ (was ist . . . . .) zielt zwar nicht von jeher auf exakte logische Definition, aber sie bildet immerhin den Ansatzpunkt, von dem aus das logische Definieren sich mehr und mehr zu einer selbständigen philosophischen Aufgabe entwickelt hat. Daß die Mathematik zu der Zeit, als Plato die Politeia niederschrieb, noch keine Definitionen kannte, ergibt sich ungezwungen aus der Interpretation seiner eigenen Worte. Hätte sie die Begriffe, mit denen sie arbeitete, definiert statt sie unbewiesen als etwas allgemein Bekanntes in ihre Operationen aufzunehmen, so könnte Plato nicht zu wiederholten Malen versichern, daß dem Mathematiker jedes Wissen um das Wesen seiner Objekte fehle, daß er nicht imstande sei, Rechenschaft über seine Setzung abzulegen usw.[26]). In der aristotelischen Apodeiktik lesen wir nun, daß der Mathematiker das $\tau\ell\ \ell\sigma\tau\iota$ (das „was ist", also das „Wesen") bzw. $\tau\ell\ \sigma\eta\mu\alpha\ell\nu\varepsilon\iota$ (was bedeutet; Bedeutung) aller Begriffe, der primären wie der derivaten, „nimmt"[27]), d. h. sie alle zum Beginn seines Beweises definiert. Definitorische Setzungen, so konstatiert Aristoteles, gibt es von sämtlichen Begriffen, existenzielle nur von den höchsten einer jeden mathematischen Teilwissenschaft (aus denen, wie wir uns überzeugten, die Existenz der anderen erst deduziert wird). Für den wissenschaftlichen mathematischen Beweis kommen natürlich nur die definitorischen Setzungen zur Verwendung, jene anderen bleiben auf die existenzableitende Mathematik beschränkt, welche ihre historische Aufgabe damit erfüllt hatte, daß sie der beweisenden ihr festes begriffliches Gerüst gab, um dann selbst alsbald abzusterben, da ihre Möglichkeiten naturgemäß sehr begrenzt, ja ein Fortschritt hier überhaupt unvorstellbar war. Diese definitorischen Setzungen am Anfang des wissenschaftlichen Beweises oder auch größerer Beweisreihen kennt jeder Leser als ein charakteristisches Strukturelement der euklidischen $\Sigma\tau o\iota\chi\varepsilon\tilde{\iota}\alpha$. Entstanden sind sie also zwischen den 70er und

---

[26]) Resp. VI 510 c2ff. (insbes. 7), 511 a3ff., c 6f., c 8ff.; VII 533 b6ff. — Wenn ich als Inhalt der 510 c 2 erwähnten $\dot{\upsilon}\pi o\vartheta\acute{\varepsilon}\sigma\varepsilon\iota\varsigma$ die dort genannten Begriffe selbst, nicht etwa axiomartige Sätze annehme, so geschieht dies, weil lediglich diese Auffassung dem Wortlaut der Stelle keine Gewalt tut. Wer hier Axiome sucht, hat überdies zu erklären, weshalb Aristoteles An. Post. A 10 den hypothetischen Charakter eben für die Begriffe, nicht aber für die Axiome diskutiert und polemisierend zurückweist.

[27]) An. Post. A 10, 76 a32ff.; b 3—11; 15.

den 50er Jahren des vierten Jahrhunderts vor Christi Geburt, herausgearbeitet von jenem unvergleichlich produktiven Kreise von Mathematikern, die nach Proklos' Worten *διῆγον μετ' ἀλλήλων ἐν Ἀκαδημίᾳ κοινὰς ποιούμενοι τὰς ζητήσεις* (Sie hielten sich miteinander in der Akademie auf und veranstalteten ihre Forschungen gemeinsam).[28]) Wer sich gegenwärtig hält, daß gleichzeitig in der Akademie die dialektische Definitionsmethode geschaffen und zu immer größerer logischer Korrektheit durchgebildet wurde, wird keinen Augenblick an eine zufällige generatio aequivoca denken, sondern anerkennen, daß wir auch hier wieder die platonisch-akademischen Einflüsse auf die mathematischen Methoden mit Händen greifen können.

Drei Dinge waren es, die Aristoteles in dem Satz, von dem wir ausgingen, als die konstitutiven Elemente jeder mathematischen Teilwissenschaft herausarbeitete; zwei, die Existenzialsetzung der höchsten Idee des betr. wissenschaftlichen Bereiches und die Definitionen der untergeordneten Begriffe, haben wir auf ihre Entstehung untersucht und in ihrer Bedeutung gewürdigt. Es bleiben als drittes die *κοινὰ λεγόμενα ἀξιώματα*. Unter ihnen versteht Aristoteles die auch heute noch als Axiome bezeichneten allgemeinen Sätze von der Art, daß Gleiches von Gleichem subtrahiert Gleiches ergibt, zwei Größen, wenn sie ein und derselben dritten gleich sind, auch untereinander gleich sind u. ä.[29]) Sie heißen *κοινά* (gemeinsam), weil sie nicht wie jene beiden anderen konstitutiven Faktoren bloß einem Teilgebiet, sei es der Arithmetik, sei es der Geometrie, sei es der Stereometrie oder der Astronomie, eigen sind, sondern für alle diese Wissenschaften gleichmäßig gelten. Es läßt sich noch feststellen, wo der Gedanke, alle mathematischen Wissenschaften auf ihre gemeinsamen Strukturelemente zu analysieren, zum ersten Male aufgetaucht ist; Plato hat im VII. Buche der Politeia einen umfassenden Plan der philosophischen *παιδεία* (Erziehung, Bildung) entworfen, der zwar in keinem griechischen Staatswesen, aber in der Organisation seiner eigenen Schule, der Akademie, verwirklicht worden ist. Hier fungieren die mathematischen Wissenschaften als eine *προπαιδεία* (Vorerziehung) zur Dialektik, der höchsten und alle anderen krönenden Wissenschaft. Diese Funktion aber erfüllen sie nur dann vollständig, wenn der Adept sich fähig erweist, die zwischen den verschiedenen Teilgebieten obwaltende *κοινωνία, συγγένεια, οἰκειότης* (Gemeinschaft, Verwandtschaft) zu erkennen[30]). Diese Erkenntnis wird als ein synoptischer Akt bezeichnet und ist insofern dem

---

[28]) In Euclidem pg. 67, 19 Fr.

[29]) S. An. Post. A 10, 76 a41; b 20; 11, 77 a26ff. Vgl. die bei Euklid am Anfange seines Werkes stehenden *κοιναὶ ἔννοιαι*. Zum Problem der Entstehung der *ἀξιώματα* s. die Reflexionen Cantors, Vorlesgg. über Gesch. d. Math., ³I, 219.

[30]) S. Resp. VII 531 c9, ff., 537 c1ff.

gleichfalls des öfteren als *σύνοψις* (Zusammensicht) charakterisierten
Akte, der hinter und über den Einzelerscheinungen die sie erst konsti-
tuierende Idee erschaut, wesensgleich. Eben hierin liegt der Grund,
warum Plato jenes zusammenschauende Erfassen der gemeinsamen
Strukturkomponenten so nachdrücklich zur Bedingung macht, und eben
hierin auch die Gewähr, daß die Frage nach den *κοινά* (Gemeinsamkeiten)
hier zum erstenmal gestellt wird. Die *κοινὰ λεγόμενα ἀξιώματα* sind eine
Antwort auf sie, und zwar, wie bestimmte Erwägungen, deren Entwicklung hier zu umständlich sein würde, nahelegen, die Antwort, welche
die Mathematiker selbst gegeben haben. Es liegt in der Natur der Frage,
daß sie auch von ganz anderer Seite her beantwortet werden konnte, etwa
durch ein von jeglichen Besonderheiten abstrahierendes Erfassen des
allen mathematischen Wissenschaften gemeinsamen Beweisprozesses, und
dies ist in der Tat auch geschehen, nämlich eben in Aristoteles' Werk
περὶ ἀποδείξεως (vom Beweise), das uns als erstes Buch der Analytika
Posteriora geläufig ist und dem wir so viel wertvolles Material für diese
Arbeit entnommen haben. Oder aber man konnte zur Antwort auf die
allen mathematischen Gegenständen gleichermaßen eigene Fähigkeit zur
„Ideation" weisen und von dieser Voraussetzung aus die einzelnen *μαθή-*
ματα (mathematischen Wissenschaften) möglichst enge, ja geradezu in
einer ontologischen Deszendenz miteinander verknüpfen, sie gleichsam mit
einem gemeinsamen Bande, einem *δεσμός*, wie es einmal bei Philipp von
Opus[31]) heißt, umschlingen. Das haben die Ideen-Zahlen-Lehre des späten
Plato und vielleicht auch ähnlich gerichtete Versuche seiner Schüler angestrebt. In wieder etwas anderer Richtung liegt eine methodisch sehr
beachtenswerte Leistung, die wir wahrscheinlich wieder den Mathematikern selbst zuzuschreiben haben, die aber auch den *καθόλου* (allgemein,
alle Einzelerscheinungen umfassend) -Charakter der Idee und die stufen-
hafte Gliederung der ideentheoretisch durchgeformten Mathematik verwertet. Jenseits der mathematischen Grundgebilde, der Zahlen, Strecken,
Flächen, Körper, Zeiten setzte man ein allen diesen übergeordnetes, alle
in sich umfassendes *εἶδος* an[32]), das lediglich gedacht war und in der Wirklichkeit nirgends existierte, ja für das es nicht einmal einen rechten Namen
gab. Mittels dieser *ὑπόθεσις* (Setzung) wurde es zu Aristoteles' Zeit möglich, Lehrsätze wie den von der Vertauschbarkeit der Proportionsglieder,
den man vorher für Zahlen, Strecken, Körper und Zeiten gesondert bewiesen und formuliert hatte, mit einem Schlage — *μιᾷ ἀποδείξει* (in einem

---

[31]) Epinomis 991 e5. Daß die Epinomis nicht von Plato selbst, sondern einer
antiken Tradition entsprechend von seinem Schüler Philipp von Opus verfaßt ist,
steht nach der Arbeit von Friedrich Müller (Stilistische Untersuchung der Epinomis
des Philipp von Opus, Diss. Berlin 1927) endgültig fest.

[32]) An. Post. A 5, 74 a17—25.

Beweis) sagt Aristoteles — für alle diese Größen gemeinsam abzuleiten, indem man die Vertauschbarkeit eben für jenes alle anderen umfassende, neue $\varepsilon \tilde{\iota} \delta o\varsigma$ bewies. Die Größen- und Proportionslehre, die wir im V. Buche Euklids finden, meidet jegliche Spezialisierung auf eine bestimmte Klasse mathematischer Objekte und gibt ihren Erkenntnissen den Charakter völliger Allgemeinheit. Sichtlich ruht sie auf jener Basis, die von den Mathematikern, mit denen der junge Aristoteles in der Akademie zusammen war, geschaffen war, auch wenn in der Formulierung Euklids — wie auch sonst bei ihm — die philosophische Bedeutung dieser Setzung und überhaupt die philosophischen Zusammenhänge, in die diese Gedanken gehören, zum mindesten nicht mehr kenntlich sind; Aristoteles nennt ja auch gerade ein Beispiel aus der Proportionslehre, wo er den Fortschritt von der einzelfachlichen zur allgemeineren Betrachtungsweise, der sich noch vor seinen Augen vollzogen hat, illustrieren will. Wie man leicht sieht, handelt es sich um Dinge, die mit der Abstraktion und anderem, was früher zur Sprache kam, aufs engste zusammenhängen; es ist vielleicht Willkür, ob man diese Vorgänge unter der Rubrik des $\varkappa o\iota v\acute{o}v$- (Gemeinsamkeits-) Problems oder unter der der Abstraktion einordnen will, sicher Wilkür, insofern es sich ja im einen wie im anderen Fall um ein zur Isolierung strebendes Teilelement der einen großen Konzeption der platonischen Idee handelt und zu dem Zeitpunkt, wo dieser wichtige methodische Schritt getan wird, diese beiden Sinnsphären sich noch weder voneinander noch von ihrem gemeinsamen Zentrum gelöst haben.

Die Übersicht über die methodologischen Anregungen, welche die Mathematik von Plato empfangen hat, und über die Art und Weise, wie sie sie verarbeitet hat, mag hiermit abgeschlossen werden. Rufen wir uns noch einmal die drei wesentlichsten Gaben Platos ins Gedächtnis zurück: Die Methode des strengen, lückenlosen, zwingenden Beweises ($\dot{\alpha}\pi\acute{o}\delta\varepsilon\iota\xi\iota\varsigma$), der ursprünglich an einem Ideensystem orientiert die verselbständigten Qualitäten wesenhafter und begrifflicher Inhärenz auch in das Stadium mitherübernimmt, wo der mathematische Forscher von den platonischen Ideen und dem Aufbau einer Welt von übersinnlichen Substanzen nichts mehr weiß; die Definition der im Beweisverfahren verwandten Begriffe; schließlich die $\varkappa o\iota v\grave{a}$ $\lambda \varepsilon \gamma \acute{o}\mu \varepsilon v a$ $\dot{\alpha}\xi\iota\acute{\omega}\mu a\tau a$ und den Gesichtspunkt des $\varkappa a\vartheta\acute{o}\lambda o v$ in der allgemeinen Größenlehre. Wer könnte sie sich aus den euklidischen $\Sigma \tau o\iota \chi \varepsilon \tilde{\iota} a$, dem für alle Zeiten klassischen Lehrbuch der wissenschaftlichen Mathematik wegdenken? Was bliebe von der bewundernswerten Architektonik dieses Werkes, in welchem in jedem Beweise die früher bewiesenen Lehrsätze, die grundlegenden, den einzelnen Büchern vorausgeschickten Definitionen und die allgemeingültigen Axiome eingreifen, alles an der rechten Stelle, wie die einzelnen Bestandteile eines komplizierten Räderwerks, was bliebe von diesem Werke, wenn man all diese ὄργανα des Beweises abzöge? Überall, wo man das euklidische Lehrbuch nicht nur als ein bequemes Repertoire des mathematischen Wissens geschätzt hat, sondern darüber hinaus auch für seine methodische Konfiguration ein Auge gehabt hat und das Maß an organisatorischem Vermögen, das hier gewirkt hat, ermessen konnte, hat man in Wahrheit Platos gesetzgeberisches Genie bewundert, auch da, wo man an seinen unmittelbaren Schöpfungen verständnislos vorüberging.

Die Aufgabe Nr. 62 des mathematischen Papyrus Rhind.

Von J. J. Perepelkin in Leningrad.

Wie schon T. E. Peet in seiner Neubearbeitung des mathematischen Papyrus Rhind[1]) sagt, bereitet die Interpretation der Aufgabe Nr. 62 dieses Textes in mathematischer Hinsicht keine Schwierigkeiten (S. 105). Aber es erscheint auch ihm noch nicht möglich zu sein, zu einer „endgültigen und absolut sicheren Übersetzung" zu gelangen. Es soll nun im folgenden versucht werden, diese noch ausstehende inhaltliche Kommentierung nachzutragen, die übrigens auch geeignet scheint, zu unseren geringen Kenntnissen der Tauschverhältnisse im alten Ägypten einen kleinen Beitrag zu liefern, der meines Wissens neu ist.

Die Aufgabe Rhind 62 lautet in Umschrift:

1. *tp n ir · t krf · t ḥr ʿȝw · t ʿšȝw · t mj ḏd n · k*
2. *krf · t nb im · š ḥḏ im · š ḏḥtj im · š iw in · tw*
3. *krf · t tn ḥr šʿtj 84 ptj nt · t n ʿȝ · t nb · t*
4. *iw ir dd · t ḥr nb dbn šʿtj 12 pw ḥḏ šʿtj 6 pw*
5. *ḏḥtj dbn šʿtj 3 pw dmd · ḥr · k dd · t ḥr šʿtj* (oder: *šʿtjw*)
6. *n ʿȝ · t nb · t ḫpr · ḥr 21 ir · ḥr · k pȝ 21 r gm · t*
7. *šʿtj 84 inj · t pw m krf · t tn ḫpr · ḥr m 4*
8. *dd · k n ʿȝ · t nb · t ir · t mj ḫpr*
9. *ir ... ... 4 r sp 12 ḫpr · ḥr nb m 48   rḫt · f pw*

10.	6	*ḥḏ*	24
11.	3	*ḏḥtj*	12
12.	21	*dmḏ*	84

Peet gibt hierfür die folgende Übersetzung:

1. Example of reckoning a bag (*krf · t*) containing various precious metals. If it is said to thee,
2. A bag (*krf · t*) in which are gold, silver and lead.
3. This bag (*krf · t*) is[2]) bought for 84 rings (*šʿtj*): what is assignable to[3]) each precious metal?

---

[1]) T. E. Peet, The Rhind Mathematical Papyrus, London 1923.
[2]) So im Anschluß an Gunn, Journal of Eg. Arch. 12, 135.
[3]) Or, with Gardiner . . . . „What is the amount of".

4. Now what is given for a *deben* of gold is 12 rings (*š't̲j*), for silver
   6 rings (*š't̲j*),
5. and for a *deben* of lead 3 rings (*š't̲j*). You are to add together that
   which is given for a ring (*š't̲j*) (sic, read *deben*)
6. of each precious metal; result 21. You are to reckon with this 21
   to find
7. 84 rings (*š't̲j*), for that is what has been bought in this bag (*k̲rf · t*).
   It comes to 4,
8. which you assign to each metal[4]). The doing as it actually occurs:
9. 4 is multiplied (?) twelve times; the gold turns out to be 48. This
   [is its amount.
10. ,,   ,,   six times; the silver turns out to be 24.
11. ,,   ,,   three times; the lead turns out to be 12.
12. ,,   ,,   twenty-one times.   Total 84.

Der mathematische Inhalt dieser Aufgabe ist kurz folgender. Der Gesamtwert (gemessen in „Ringen" — *š't̲j*) von dreierlei Metallen beträgt
84 Ringe. Gesucht ist das Gewicht (in „deben" — *dbn*), bei gleichmäßiger
Gewichtsverteilung, das auf jede Metallsorte entfällt, wenn der Wert von
1 *dbn* Gold 12 Ringe ist, der von Silber und Blei 6 bzw. 3 Ringe. Aus
diesen Angaben folgt zunächst, daß die Summe von je ein *dbn* dieser
Metalle den Wert 21 hat, woraus sich durch Division ergibt, daß je vier
dbn jedes Metalls den Gesamtwert 84 Ringe ergeben.

Nun wollen wir uns dem kulturgeschichtlichen Kommentar zuwenden.
Die Angelegenheit, die unserer Aufgabe zugrunde liegt, wird gewöhnlich als ein Kauf aufgefaßt. Dabei wird die genaue Bedeutung des
Wortes *k̲rf · t*, das in den Zeilen 1—3 und 7 vorkommt, sicherlich von der
üblicherweise angenommenen „bag, Sack, Beutel" nicht weit entfernt
sein[5]). Dann übersetzt man *iw in · tw k̲rf · t tn ḥr š't̲j 84* in den Zeilen 2
und 3 „dieses *k̲rf · t* wird für 84 Ringe gekauft" und *dd · t ḥr nb dbn* in
Zeile 4 „das, was für ein *dbn* Gold gegeben ist". Doch scheitert, meiner
Ansicht nach, diese Auffassung der Aufgabe an den Zeilen 5 und 7,
gleichwie an den vier letzten. In den Zeilen 5 und 6 steht: *dd · t ḥr š't̲j(w) n
'ȝ · t nb · t*. Das würde bei einer Übersetzung des *rdj ḥr* mit „für etwas
geben" lauten: „das, was *für einen Ring* (oder: die Ringe) jedes kostbaren
Minerals gegeben ist". Da dieses aber in unserem Falle widersinnig ist, hält
man die Wertangabe *š't̲j* „Ring" für einen Fehler und liest statt seiner das

---

[4]) Nach G u n n l. c. S. 135 vielleicht: „The result is 4; you are assign (that)
to each metal".

[5]) *K̲rf · t* findet sich auch als Personenname im Alten Reich, nämlich bei *K̲rf · t*,
der Frau eines gewissen *Šśm-nfr* (Ann. du Service des Ant. de l'Égypte I 153 u.
155 = M u r r a y, Index of names and titles of the Old Kingdom).

Gewicht *dbn*. Doch ist eine solche Vermutung schon wegen der Verschiedenheit des Schriftbildes recht unwahrscheinlich[6]).

In die Zeile 7 will *inj* im Sinne von „kaufen" erst recht nicht hereinpassen. Bei *inj* — „kaufen" hätten wir hier: „84 Ringe, das ist es, was in diesem *krf·t* gekauft ist". Dieses stände aber im krassen Widerspruch zu den Zeilen 2 und 3, wo ja die Rede vom eintauschen des *krf·t* für 84 Ringe sein soll. Die Worte *inj·t pw m krf·t tn* „das ist es, was in diesem *krf·t* ‚gebracht' ist" von 84 *š'tj* zu trennen ist schier unmöglich in Hinsicht auf das folgende: *ḫpr·ḫr m 4* „Es wird zu 4".

Gleichwie in Zeile 7 werden die Schwierigkeiten in den letzten vier Zeilen von Peet in seinem Kommentar übergangen. Hier lesen wir: 12 mal 4. Das Gold wird zu 48. Das ist sein Betrag (Zahl) usw. Indessen ist 48 nicht die Zahl des Goldes, sondern die der Ringe, die für dieses gegeben sein sollten.

Ich möchte nun eine andere Deutung der Aufgabe 62 vorschlagen. *'Inj ḫr*, buchstäblich „auf etwas bringen", ist im „Wörterbuch der ägyptischen Sprache" von *Erman-Grapow* nur im Sinne: „etwas herbeibringen (aus einem Lande)" angegeben, wie es auch für *inj m*, buchstäblich „in etwas bringen", der Fall ist. Die Inschrift auf den Kauf eines Hauses aus dem alten Reich, auf die sich P e e t beruft[7]), enthält nur *inj r iśw* „gegen Entgelt an sich bringen" für den Begriff „kaufen"[8]). Es ist also gar nicht notwendig *inj ḫr* mit „für etwas kaufen" zu übersetzen. Ich würde das *inj* in den Zeilen 2 und 7 mit „herbeibringen, einliefern" übersetzen[9]). Im Sinne von „herbeibringen" wird *inj* auch in der Aufgabe 11 des Moskauer mathematischen Papyrus gebraucht[10]). Demgemäß lese ich in Zeile 7: „ . . . 84 Ringe, das ist es, was in diesem *krf·t* eingeliefert ist" und in den Zeilen 2 und 3: „dieses *krf·t* wird auf 84 Ringe eingeliefert".

Was den Ausdruck *rdj ḫr* betrifft, so kann er ebensogut „auf etwas legen", wie „für etwas geben" bedeuten. In Zeile 8 bezeichnet das Verbum

---

[6]) Der Fehler müßte ja 6 Zeichen betreffen, da den angeblich verwechselten Schreibungen für *dbn* und *š'tj*, deren jede vier Zeichen enthält, nur das Pluralzeichen gemein ist. Man beachte auch, daß mit der Schreibung des *š'tj* am Ende der 5. Zeile im Text eine neue Variante aufkommt im Vergleich zu den 4 ersten *š'tj* in den Zeilen 3—5.

[7]) l. c. S. 105.

[8]) S e t h e, Ber. Verh. d. K. Sächs. Ges. d. Wiss., Phil.-hist. Kl., Bd. 63 (1911) S. 137 und Tafel V.

[9]) Ähnlich auch schon E i s e n l o h r, Ein math. Handbuch der alten Ägypter, Lpzg. 1877 S. 155. (Anm. d. Schriftltg.)

[10]) Im Neuägyptischen wird gerade *inj·t* (vgl. Zeile 7) für den Begriff „eingeliefert" in geschäftlichen Schriftstücken verwendet. (Vgl. E r m a n - G r a p o w, Wörterbuch.)

rdj sicher nicht eine Handlung beim Kauf und ist im mathematischen Sinne aufzufassen. Könnte daher nicht auch das *rdj ḥr* in den Zeilen 4 und 5 einen mathematischen Ausdruck bedeuten ? Glücklicherweise ist ein derartiger Gebrauch von *rdj ḥr* durch die Aufgabe 17 des Moskauer mathematischen Papyrus erwiesen. Dort wird nämlich von einer abstrakten Zahl gesagt: *ir dj·t·k ḥr ꜣw*, „was das betrifft, was du auf die Länge gelegt hättest"[11]). Auch hier haben wir *ir* vor *rdj*[12]). Wenn wir jetzt das *rdj ḥr* in der Aufgabe 62 des Papyrus Rhind analog wie im Moskauer Papyrus übersetzen, haben wir in Zeile 4: „das, was auf ein *dbn* Gold gelegt wird, sind 12 Ringe" usw., und in den Zeilen 5 und 6: „Du wirst das zusammenfügen, was auf die Ringe jedes kostbaren Minerals gelegt wird". Gold, Silber und Blei sind also nicht für Ringe gekauft worden, sondern liegen in goldenen, silbernen und bleiernen Ringen im *krf·t*, das auf einen Gesamtwert von 84 Ringen eingeliefert wird. Die Ringe sind daher von verschiedenem Gewicht, doch von gleichem Wert. Aus einem *dbn* Gold bekommt man 12 Ringe, aus einem *dbn* Silber sechs und aus einem *dbn* Blei nur drei.[13])

Durch die vorgeschlagene Auslegung werden meines Erachtens die Schwierigkeiten, von denen die Rede war, beseitigt. In Zeile 5 ist das *š‘tj* am richtigen Ort, denn das, was für die Ringe jedes Metalls angegeben wird, ist ja ihre Zahl 12, 6 oder 3 im Verhältnis zum *dbn*. In Zeile 7 ist von den Ringen ganz korrekt gesagt, daß sie im *krf·t* eingeliefert sind. Die letzten 4 Zeilen stimmen mit der vorgeschlagenen Deutung überein, da die Zahl der Ringe wirklich die Zahl des Goldes bezeichnet.

Mit Rücksicht auf das Vorangehende möchte ich nun unsere Aufgabe folgendermaßen übersetzen:

1. Beispiel von der Berechnung eines Sackes (*krf·t*) mit verschiedenen kostbaren Mineralien, wenn dir gesagt wird:
2. ein Sack, Gold ist in ihm, Silber ist in ihm, Blei ist in ihm. Eingeliefert wird
3. dieser Sack auf 84 Ringe. Was ist das, was jedem kostbaren Mineral zukommt ?
4. Das, was auf ein *dbn* Gold gelegt wird, sind 12 Ringe, (auf ein *dbn*) Silber 6 Ringe,

---

[11]) Zinserling, Izvestija Akademii Nauk SSSR, 1925, No. 12—15, S. 566.

[12]) Man beachte, daß die Konstruktion: *rdj ḥr* nicht durch das *ꜣw* „die Länge" beeinflußt wird. In Zeile 7 derselben Aufgabe des Moskauer Papyrus steht: *mk mḏ pw m ꜣw*, „Siehe, das ist 10 in die Länge" (l. c. S. 567). Hier steht das *ꜣw* mit *m*.

[13]) Eine weitere Auswertung dieses Ergebnisses in kulturgeschichtlicher Richtung behalte ich mir für eine andere Gelegenheit vor, wobei ich auch auf die Fragen, die R. Weill in Rev. d. l'Ég. ancienne 1 (1925) 45 ff. erörtert, eingehen werde. Es sei nur bemerkt, daß bei der Annahme: 1 *š‘tj* = $\frac{1}{12}$ *dbn* (1 *dbn* ungefähr 91 Gramm), das Wort *š‘tj* in unserer Aufgabe einen Ring vom Werte eines *š‘tj* Gold bezeichnet.

5. (auf) ein *dbn* Blei 3 Ringe. Du wirst das, was auf die Ringe

6. jedes kostbaren Minerals gelegt wird, zusammenfügen, es wird 21.
Du wirst dieses 21 berechnen um

7. die 84 Ringe zu finden, das ist es, was in diesem Sack eingeliefert ist.
Es wird zu 4,

8. dem, was du für jedes kostbare Mineral bestimmst. Ausführung wie
es geschieht.

9. 12 mal 4. Das Gold wird zu 48. Das ist seine Zahl.

10. 6   Das Silber   24

11. 3   Das Blei   12

12. 21   Der Gesamtbetrag 84.